工伤预防知识学习手册丛书

机械制造
工伤预防知识学习手册

主　编◎王乐瑶　杨昂滨　佟瑞鹏
副主编◎郭　钰　尹雪晨

中国劳动社会保障出版社

图书在版编目（CIP）数据

机械制造工伤预防知识学习手册 / 王乐瑶，杨昂滨，佟瑞鹏主编. -- 北京：中国劳动社会保障出版社，2025. --（工伤预防知识学习手册丛书）. -- ISBN 978–7–5167–7047–4

Ⅰ. X928.4-62

中国国家版本馆 CIP 数据核字第 2025PZ6888 号

机械制造工伤预防知识学习手册
JIXIE ZHIZAO GONGSHANG YUFANG ZHISHI XUEXI SHOUCE

中国劳动社会保障出版社出版发行
（北京市惠新东街 1 号　邮政编码：100029）

*

天津市银博印刷集团有限公司印刷装订　　新华书店经销
880 毫米 ×1230 毫米　32 开本　3.875 印张　85 千字
2025 年 6 月第 1 版　2025 年 6 月第 1 次印刷
定价：16.00 元

营销中心电话：400–606–6496
出版社网址：https://www.class.com.cn

版权专有　　侵权必究

如有印装差错，请与本社联系调换：（010）81211666
我社将与版权执法机关配合，大力打击盗印、销售和使用盗版图书活动，敬请广大读者协助举报，经查实将给予举报者奖励。
举报电话：（010）64954652

"工伤预防知识学习手册丛书"编委会

主　任：佟瑞鹏
副主任：张姜博南　李宝昌
委　员：孙　浩　张渤苓　王露露　王乐瑶　张东许　赵　旭
　　　　孙宁昊　和杰花　李佳航　胡向阳　王　乾　梁梵洁
　　　　李　鑫　王楚涵　赵云昊　宋轩宇　王登辉　姚泽旭
　　　　尹雪晨　郭　钰　孙鹏依　韩吉祥　张晓磊　孟子尧
　　　　刘贤鹏　柴文浩　李慕晨　朱宗帅　毛　颖　王益艳
　　　　赵晶荣　董国宇　杨昂滨　武　琪　李佳琦　张笑璇
　　　　连芳菲　王智浩　吴韶辉　李聪聪　李昕阳　张培森
　　　　张智慧　邓盈祺　郝彬鑫　芦佳乐　尼玛平措
　　　　皮芙萍

内容简介
INTRODUCTION

本书以机械制造行业的工伤预防为核心，紧扣国家工伤保险、安全生产法律法规及政策，全面讲解了工伤预防的理论与实践方法，旨在帮助用人单位及其职工更好地应对行业特有的工伤风险，在分析行业工伤特征的基础上，提供了系统化的预防对策和操作指南。

本书是"工伤预防知识学习手册丛书"之一，全面系统地介绍了工伤保险和工伤预防基础知识，梳理了机械制造行业工伤事故预防、工作伤害以及职业病的相关基本概念与基础知识，以法律法规、规章制度以及重要国家标准为依据，重点介绍了工伤保险与工伤预防、工伤事故与职业病防治概述、机械制造过程工伤预防、机械制造职业病预防、机械制造工伤应急救护等内容，此外还介绍了用人单位和职工的相关法律权利与义务。

本书内容精简实用，典型性、通用性强，文字表述浅显易懂，版式活泼，搭配原创漫画配图，以便对重要知识的理解与掌握。本书适合工伤保险集中宣传活动中进行基础知识普及，适合机械加工制造有关用人单位开展工伤预防宣传培训使用，适用于广大职工群众提升工伤预防意识、学习工伤保险与安全生产知识。

目录
CONTENTS

第1章 工伤保险和工伤预防 /1
    1. 工伤保险的定义与特点 /1
    2. 工伤保险的重要意义与原则 /3
    3. 我国工伤保险制度发展历程 /5
    4. 工伤保险基金与参保缴费 /7
    5. 工伤认定 /8
    6. 工伤职工劳动能力鉴定 /12
    7. 工伤保险待遇 /13
    8. 工伤预防的概念、地位与作用 /15
    9. 职工工伤保险和工伤预防的权利和义务 /17
    10. 工伤预防管理模式 /19

第2章 工伤事故与职业病防治概述 /21
    11. 工伤与职业病概念 /21
    12. 工伤事故常见种类 /24
    13. 造成事故的不安全行为与不安全心理 /27
    14. 安全生产教育和培训 /29
    15. 安全生产规章制度 /32

16. 作业现场安全信息 /33

17. 职业病特点与分类 /37

18. 职业病危害因素 /39

19. 职业健康监护 /39

第3章 机械制造过程工伤预防 /45

20. 机械制造工艺概述 /45

21. 机械制造行业常见工伤事故及其预防实现途径 /47

22. 金属切削工艺危险因素与工伤事故 /52

23. 常见机床加工工伤预防 /56

24. 磨削加工工伤事故预防及设备安全使用 /62

25. 铸造过程工伤预防 /65

26. 锻造过程危险有害因素及工伤预防 /69

27. 焊接安全操作规程 /71

28. 焊接过程工伤预防 /75

29. 冲压机械安全防护 /78

30. 冲压作业操作与维护安全规范 /81

第4章 机械制造职业病预防 /85

31. 机械制造行业职业病危害因素 /85

32. 金属烟热的危害和预防 /87

33. 生产性粉尘危害的预防措施 /88

34. 刺激性气体与窒息性气体危害及其防护措施 /90

35. 生产性噪声危害及其防护 /92

36. 生产性振动危害及其防护 /96

37. 高温作业危害及其防护 /97

38. 辐射危害及其防护 /100

第 5 章 机械制造工伤应急救护 /103

39. 现场急救基本原则 /103

40. 急救现场伤病员分类 /105

41. 机械伤害急救措施 /107

42. 起重伤害急救措施 /109

43. 热烧伤急救措施 /111

44. 触电急救措施 /112

45. 中毒、窒息急救措施 /114

46. 眼外伤的急救措施 /116

第1章 工伤保险和工伤预防

1. 工伤保险的定义与特点

（1）工伤保险的定义

工伤保险是指国家立法实施的，通过用人单位缴费筹资形成基金，对职工因工作原因遭受事故伤害或者患职业病的，给予职工及其近亲属相应待遇的一项社会保险制度。

（2）工伤保险的特点

工伤保险具有4个基本特点：一是强制性，工伤保险是由国家通过立法来强制执行的，在立法规定的范围内，用人单位必须参加工伤保险，为职工缴纳工伤保险费；二是非营利性，工伤保险既是国家对职工履行的社会责任，也是职工应该享有的基本权利，国家实行工伤保险制度，目的是保障职工安全健康，因此国家提供的所有工伤保险有关的服务,均不以营利为目的;三是保障性,为工伤职工及其近亲属提供基本生活保障和医疗康复待遇;四是互助互济性,通过法定程序筹集工伤保险基金,实现不同群体、地域和行业间的风险共担和基本调剂。

法律提示

　　《工伤保险条例》于2003年4月27日经中华人民共和国国务院令第375号公布,自2004年1月1日起施行。2010年12月20日,经中华人民共和国国务院令(2010年)第586号令发布《国务院关于修改〈工伤保险条例〉的决定》,修订后的条例自2011年1月1日起正式施行。

　　现行《工伤保险条例》共八章六十七条,基本结构为:第一章总则,第二章工伤保险基金,第三章工伤认定,第四章劳动能力鉴定,第五章工伤保险待遇,第六章监督管理,第七章法律责任,第八章附则。

2. 工伤保险的重要意义与原则

（1）工伤保险的重要意义

《工伤保险条例》的立法宗旨是：为了保障因工作遭受事故伤害或者患职业病的职工获得医疗救治和经济补偿，促进工伤预防和职业康复，分散用人单位的工伤风险。这体现了国家设立工伤保险制度的重要意义。

（2）工伤保险的原则

1）强制性原则。工伤会给工伤职工带来痛苦，给工伤家庭带来不幸，也于用人单位乃至国家不利，因此国家通过立法，强制实施工伤保险制度，规定属于覆盖范围的用人单位必须依法参加并履行缴费义务。

2）无过错补偿原则。工伤事故发生后，不管过错在谁，工伤职工均可获得补偿，以确保其及时获得医疗救治和基本生活保障。但这并不妨碍有关部门对事故责任人的追究，以防止类似事故重复发生。

3）职工个人不缴费原则。这是工伤保险与养老、医疗、失业等其他社会保险项目的区别之处。由于职业伤害是在工作过程中造成的，劳动力是重要的生产要素，职工为用人单位创造财富的同时付出了代价，因此理应由用人单位负担全部工伤保险费，职工个人不缴纳任何费用。

4）风险分担、互助互济原则。通过法律强制征收工伤保险费，建立工伤保险基金，采取互助互济的方法，分散风险，缓解部分企业、行业因工伤事故或职业病所产生的负担。

5）实行行业差别费率和浮动费率原则。为强化不同工伤风险类别行业相对应的雇主责任，充分发挥缴费费率的经济杠杆作用，促进工伤预防，减少工伤事故，工伤保险实行行业差别费率，并根据用人单位工伤保险支缴率和工伤事故发生率等因素实行行业浮动费率。

6）补偿与预防、康复相结合原则。工伤补偿、工伤预防与工伤康复三者是密切相连的，构成了工伤保险制度的三个支柱。工伤预防是工伤保险制度的重要内容，工伤保险制度致力于采取各种措施，以减少和预防工伤事故的发生。工伤事故发生后，及时对工伤职工予以医治并给予经济补偿，使工伤职工本人或家庭生活得到一定的保障，是工伤保险制度的基本功能。同时，要及时对工伤职工进行医学康复和职业康复，使其尽可能恢复或部分恢复劳动能力，具备从事某种职业的能力，能够自食其力，从而减少人力资源和社会资源的浪费。

7）一次性补偿与长期补偿相结合原则。对工伤职工或工亡职工的近亲属，工伤保险待遇实行一次性补偿与长期补偿相结合的办法。如对高伤残等级的职工、工亡职工的近亲属，在依法支付一次性补偿的同时，还按月支付长期待遇。这种一次性补偿与长期补偿相结合的办法，可以长期、有效地保障工伤职工及工亡职工近亲属的基本生活。

Tips 相关链接

《工伤保险条例》第二条规定，中华人民共和国境内的企业、事业单位、社会团体、民办非企业单位、基金会、律师事务所、会计师事务所等组织和有雇工的个体工商户（以下称用人单位）应当依照《工伤保险条例》规定参加工伤保险，为本单位全部职工或者雇工（以下称职工）缴纳工伤保险费。中华人民共和国境内的企业、事业单位、社会团体、民办非企业单位、基金会、律师事务所、会计师事务所等组织的职工和个体工商户的雇工,均有依照《工伤保险条例》的规定享受工伤保险待遇的权利。

3. 我国工伤保险制度发展历程

(1) 计划经济时期工伤补偿制度的建立和实施

1951年,中央人民政府政务院颁布了《中华人民共和国劳动保险条例》,这是我国第一部包括养老、工伤、工亡职工遗属等保险项目在内的全国性统一法规,也是社会保障制度在我国开始实施的起点。该条例对劳动保险的实施范围,保险费的征集、管理和支付,保险的项目和标准,以及保险业务的执行和监督都作出了明确规定。

劳动保险制度中的工伤补偿制度,结束了我国缺乏完整统一的工伤保障制度的历史,通过实行部分基金统筹的方式,为计划经济时期的大规模建设提供了工伤补偿制度,保障了这一时期工伤职工及其家属的基本生活,具有分散工伤风险、促进经济建设的积极意义。

(2)改革开放时期工伤保险制度的改革探索和实践

我国工伤保险制度改革始于20世纪80年代中期。1988年,劳动部主持制定了社会保险制度改革方案,选择了社会保险作为我国工伤保险的制度模式,初步形成了工伤保险制度改革框架,提出了工伤保险制度改革的主要内容。

在总结多年工伤保险改革试点经验和借鉴国外成熟做法的基础上,1996年8月12日,劳动部颁布了《企业职工工伤保险试行办法》,对工伤保险制度作了统一规定,对沿用至20世纪90年代初的企业自我保险的工伤制度进行了根本性改革。同时,国家技术监督局也在1996年3月颁布了《职工工伤与职业病致残程度鉴定标准》(GB/T 16180—1996)。

(3)适应市场经济体制的工伤保险制度的形成

2003年,国务院颁布了《工伤保险条例》,标志着适应我国社会主义市场经济体制的工伤保险制度正式形成。

《工伤保险条例》的颁布，在我国工伤保险制度建设进程中具有里程碑意义，标志着我国的工伤保险制度步入了法治化轨道，也预示着我国的工伤保险制度改革进入一个崭新的发展阶段，意味着适应我国社会主义市场经济的新型工伤保险制度已初步构建完成。同时，《工伤保险条例》的出台，使工伤保险成为我国社会保障体系的重要组成部分，对于进一步完善我国的社会保障体系，维护我国经济和社会的健康稳定发展，以及加快推进我国社会保障法治化建设，无疑起到了重要的推动作用。

4. 工伤保险基金与参保缴费

（1）工伤保险基金

稳定充足的工伤保险基金是工伤保险制度顺利实施的保障。《社会保险术语 第 5 部分：工伤保险》(GB/T 31596.5—2015)中将工伤保险基金定义为：按照法律规定，由用人单位缴纳的工伤保险费及其利息收入，以及其他依法纳入的资金汇集而成的，用于支付工伤保险待遇及其他相关支出的专项资金。

（2）工伤保险参保缴费

随着经济社会的发展，世界各国已达成共识，认为职工在为用人单位创造财富、为社会做出贡献的同时，还冒着付出健康和生命的代价。因此，由用人单位缴纳工伤保险费是完全必要和合理的。

《工伤保险条例》第十条规定，用人单位应当按时缴纳工伤保险费。职工个人不缴纳工伤保险费。用人单位缴纳工伤保险费的数额为本单位职工工资总额乘以单位缴费费率之积。对难以按照工资总额缴纳工伤保险费的行业，其缴纳工伤保险费的具体方式，由国务院社会保险行政部门规定。

 相关链接

目前，世界各国实行的工伤保险大体分为两种类型：一种是社会保险类型，另一种是雇主责任类型。

实行社会保险类型的国家约占实行工伤保险制度国家的2/3。工伤保险基金可以是一般社会保险基金的组成部分，也可以是单独的。在这些国家中，凡参加工伤保险的雇主，都必须向社会保险机构缴纳工伤保险费。

实行雇主责任类型的是少数国家，体现为雇主责任制。雇主责任制有两种方式：一是工伤职工或其近亲属直接向雇主要求索赔；二是雇主为其雇员的工伤风险购买商业保险。雇主责任制下，完全由雇主承担缴费甚至赔偿责任，职工个人不缴费。

5. 工伤认定

（1）各类工伤认定的情形

《工伤保险条例》第十四条至第十六条分别对应当认定为工伤的情形、视同工伤的情形、不得认定为工伤的情形作出了明确规定。

1) 职工有下列情形之一的，应当认定为工伤：

①在工作时间和工作场所内，因工作原因受到事故伤害的；

②工作时间前后在工作场所内，从事与工作有关的预备性或者收尾性工作受到事故伤害的；

③在工作时间和工作场所内，因履行工作职责受到暴力等意外伤害的；

④患职业病的；

⑤因工外出期间，由于工作原因受到伤害或者发生事故下落不明的；

⑥在上下班途中，受到非本人主要责任的交通事故或者城市轨道交通、客运轮渡、火车事故伤害的；

⑦法律、行政法规规定应当认定为工伤的其他情形。

2）职工有下列情形之一的，视同工伤：

①在工作时间和工作岗位，突发疾病死亡或者在48小时之内经抢救无效死亡的；

②在抢险救灾等维护国家利益、公共利益活动中受到伤害的；

③职工原在军队服役，因战、因公负伤致残，已取得革命伤残军人证，到用人单位后旧伤复发的。

职工有前款第①项、第②项情形的，按照《工伤保险条例》的有关规定享受工伤保险待遇；职工有前款第③项情形的，按照《工伤保险条例》的有关规定享受除一次性伤残补助金以外的工伤保险待遇。

3）职工符合《工伤保险条例》第十四条、第十五条的规定，但是有下列情形之一的，不得认定为工伤或者视同工伤：

①故意犯罪的；

②醉酒或者吸毒的；

③自残或者自杀的。

（2）工伤认定的主要流程

申请工伤认定的流程可以总结为发生工伤、提出工伤认定申请、备齐申请材料、社会保险行政部门受理、作出工伤认定5个环节。

1）发生工伤。职工发生工伤事故，或被诊断、鉴定为职业病。

2）提出工伤认定申请。职工所在单位应当自事故伤害发生之日或者职工被诊断、鉴定为职业病之日起30日内，向统筹地区社会保险行政部门提出工伤认定申请。

用人单位未按上述规定提出工伤认定申请的，工伤职工或者其近亲属、工会组织在事故伤害发生之日或者被诊断、鉴定为职业病之日起1年内，可以直接向用人单位所在地统筹地区社会保险行政部门提出工伤认定申请。

3）备齐申请材料。提出工伤认定申请应当提交下列材料。

①工伤认定申请表。

②与用人单位存在劳动关系（包括事实劳动关系）的证明材料。

③医疗诊断证明或者职业病诊断证明书（或者职业病诊断鉴定书）。

工伤认定申请表应当包括事故发生的时间、地点、原因以及职工伤害程度等基本情况。

4）社会保险行政部门受理。申请材料完整，属于社会保险行政部门管辖范围且在受理时效内的，应当受理。申请材料不完整的，社会保险行政部门应当一次性书面告知工伤认定申请人需要补正的全部材料。

5）作出工伤认定。社会保险行政部门应当自受理工伤认定申请之日起60日内作出工伤认定的决定，并书面通知申请工伤认定的职工或者其近亲属和该职工所在单位。

第1章 工伤保险和工伤预防

> **案例解读**

　　田某在某市铸造厂从事铸造工作。某日，车间主任派他到该厂另一车间拿工具。在返回工作岗位途中，田某被该厂建筑工地坠落的砖块砸伤头部，当即被送往医院救治，后被诊断为脑裂伤。出院后，田某向单位申请工伤保险待遇，但是单位认为他不是在本职岗位受伤，因此不能享受工伤保险待遇。田某遂向当地社会保险行政部门投诉，要求认定其为工伤。

　　当地社会保险行政部门经调查后认为：虽然田某的致伤地点不是本职岗位，但他是受领导（车间主任）指派离开本职岗位到另一车间拿工具的，故其受伤地点应属于工作场所。这一事故具有一般工伤事故应具备的"三工"要素，即在工作时间、工作地点、因工作原因而受伤。因此，当地社会保险行政部门认定田某为工伤，并依法要求单位按规定给予田某相应的工伤保险待遇。

6. 工伤职工劳动能力鉴定

（1）工伤职工劳动能力鉴定申请条件

劳动能力鉴定申请是在法律与制度的严格规范下，有着明确且严谨的条件要求，旨在确保整个鉴定过程的科学性、公正性以及权威性，让每一位遭受工伤的职工都能获得与其身体损伤状况和劳动能力丧失程度相匹配的合理保障。以下仅对工伤职工劳动能力鉴定进行阐述。

具体来说，工伤职工进行劳动能力鉴定应符合以下条件：一是经过治疗后，伤情处于相对稳定状态，这样便于劳动能力鉴定机构聘请的医疗专家对伤情进行鉴定；二是职工经治疗后，确认是因工伤原因造成的身体上的残疾；三是工伤职工的残疾对以后的工作、生活将产生直接影响，并且伤残程度已经影响到职工本人的劳动能力。在这种情况下，工伤职工应当进行劳动能力鉴定。

（2）劳动能力鉴定主体

工伤职工或者其用人单位应当及时向设区的市级劳动能力鉴定委员会提出劳动能力鉴定申请。

（3）工伤职工劳动能力鉴定流程

申请劳动能力鉴定的主要流程可以总结为以下 5 个环节。

1）职工伤情基本稳定，进行劳动能力鉴定。职工发生工伤，经治疗伤情相对稳定后存在残疾、影响劳动能力的，或者停工留薪期满（含劳动能力鉴定委员会确认的延长期限）的，应依法进行劳动能力鉴定。劳动功能障碍分为十个伤残等级，最重的为一级，最轻的为十级。生活自理障碍分为三个等级，即生活完全不能自理、生活大部分不能自理和生活部分不能自理。

2）备齐材料，提出申请。申请劳动能力鉴定应当填写劳动能力鉴定申请表，并提交以下材料：有效的诊断证明，按照医疗机构病历管理有关规定复印或者复制的检查、检验报告等完整病历材料；被鉴定人的居民身份证或者社会保障卡等其他有效身份证明原件。通过信息共享能够获取的申请材料，不得要求重复提交。

3）接受申请，作出鉴定结论。劳动能力鉴定委员会应当自收到材料完整的劳动能力鉴定申请之日起60日内作出劳动能力鉴定结论。必要时，该期限可以延长30日。劳动能力鉴定结论应当及时送达申请鉴定的单位和个人。

4）对鉴定结论不服的，可申请再次鉴定。申请鉴定的单位或个人对初次鉴定结论不服的，可以在收到鉴定结论之日起15日内，向省、自治区、直辖市劳动能力鉴定委员会申请再次鉴定。省、自治区、直辖市劳动能力鉴定委员会作出的劳动能力鉴定结论为最终结论。

5）若伤残情况发生变化，可申请劳动能力复查鉴定。自工伤职工劳动能力鉴定结论作出之日起1年后，工伤职工、用人单位或者社会保险经办机构认为伤残情况发生变化的，可以向设区的市级劳动能力鉴定委员会申请劳动能力复查鉴定。对复查鉴定结论不服的，可以按照上述规定申请再次鉴定。

7. 工伤保险待遇

（1）工伤保险待遇享受条件

《中华人民共和国社会保险法》第三十六条规定，职工因工作原因受到事故伤害或者患职业病,且经工伤认定的,享受工伤保险待遇;其中,经劳动能力鉴定丧失劳动能力的,享受伤残待遇。

(2)工伤保险待遇主要类型

《工伤保险条例》中规定的工伤保险待遇主要有以下4种类型。

1)工伤医疗及康复待遇。包括工伤医疗及相关补助待遇、工伤康复待遇、辅助器具的安装配置待遇等。

2)停工留薪期待遇。职工因工作遭受事故伤害或者患职业病需要暂停工作接受工伤医疗的,在停工留薪期内,原工资福利待遇不变,由所在单位按月支付。停工留薪期一般不超过12个月。伤情严重或者情况特殊,经设区的市级劳动能力鉴定委员会确认,可以适当延长,但延长不得超过12个月。生活不能自理的工伤职工在停工留薪期需要护理的,由所在单位负责。

3）伤残待遇。根据工伤发生后劳动能力鉴定确定的劳动功能障碍程度和生活自理障碍程度的等级不同，工伤职工可享受相应的一次性伤残补助金、伤残津贴、一次性工伤医疗补助金、一次性伤残就业补助金及生活护理费等。

4）工亡待遇。职工因工死亡，其近亲属按照规定从工伤保险基金领取丧葬补助金、供养亲属抚恤金和一次性工亡补助金。

（3）停止享受工伤保险待遇的情形

1）丧失享受待遇条件的。如果工伤职工在享受工伤保险待遇期间情况发生了变化，不再具备享受工伤保险待遇的条件，如劳动能力得以完全恢复而无须工伤保险制度提供保障时，应当停发工伤保险待遇。

2）拒不接受劳动能力鉴定的。如果工伤职工没有正当理由拒不接受劳动能力鉴定，一方面工伤保险待遇无法确定，另一方面也表明工伤职工并不愿意接受工伤保险制度提供的帮助，故不应当再享受工伤保险待遇。

3）拒绝治疗的。职工遭受事故伤害或患职业病后，有享受工伤医疗待遇的权利，也有积极配合医疗救治的义务。如果无正当理由拒绝治疗，一味消极地依靠社会救助，有悖于这一义务，则不得再继续享受工伤保险待遇。

8. 工伤预防的概念、地位与作用

（1）工伤预防的概念

工伤预防是指避免与降低工伤风险所采取的宣传和培训等手段和措施。其中，工伤风险是指在工作过程中工伤发生概率和造成危害的程度。

工伤预防的目的是从源头上减少和避免工伤事故与职业病的发生，实现最大限度地减少工伤的最终目标。因此，在工伤保险工作中，应将工伤预防放在首位。

（2）工伤预防的地位和作用

工伤预防是建立健全工伤预防、工伤补偿、工伤康复"三位一体"工伤保险制度的重要内容。《工伤保险条例》把工伤预防定为工伤保险三大任务之一，从而逐步改变了过去重补偿、轻预防的模式。生命安全和身体健康是职工的最大利益，用人单位和职工要共同做好工伤预防工作，坚持"安全第一、预防为主、综合治理"的安全生产工作方针。

工伤预防的作用主要表现在以下两个方面。

1）工伤预防可以从源头上降低工伤事故和职业病的发生概率，

保障职工的安全健康。预防的要义在于"事先防范",防未发生的事故,防"未病之病",防患于未然。企业要进行生产活动,就存在发生工伤事故和职业病的可能。有关研究表明,现有工伤事故80%以上是可以通过安全生产管理与技术等手段避免的,说明了工伤预防工作的迫切性和重要性。

2)工伤预防工作从根本上有利于企业发展,促进社会和谐稳定。随着工伤保险制度的不断完善,工伤预防工作将得到逐步加强。一方面,通过工伤预防,可以提升企业安全生产管理水平,消除工伤事故隐患,从而减少和避免工伤事故的发生。这既能有效保护职工的生命安全与身体健康,也能降低工伤事故给企业带来的经济损失,确保企业生产经营活动的顺利进行,进而推动企业的良性发展,为经济社会的进步贡献力量。另一方面,工伤事故的减少,将大幅度降低由此引发的劳资争议,有利于建立和谐的劳动关系,进而促进社会和谐稳定。

 相关链接

> 在我国,工伤预防与安全生产关系密切,存在互相促进的辩证关系。工伤预防在促进安全生产、保护职工安全健康方面有着十分重要的意义和作用;反之,安全生产对工伤预防也有十分重要的促进作用。

9. 职工工伤保险和工伤预防的权利和义务

(1)职工工伤保险和工伤预防的权利

职工工伤保险和工伤预防的权利主要体现在以下10个方面。

1）有权获得劳动安全卫生教育和培训，了解所从事的工作可能对身体健康造成的危害和可能发生的安全事故。

2）有权获得保障自身安全、健康的劳动条件和个人防护用品。

3）有权对用人单位管理人员违章指挥、强令冒险作业予以拒绝。

4）有权对危害生命安全和身体健康的行为提出批评、检举和控告。

5）从事职业危害作业的，有权获得定期健康检查。

6）发生工伤时，有权得到抢救治疗。

7）发生工伤后，有权申请工伤认定和享受工伤保险待遇。

8）有权申请劳动能力鉴定和再次鉴定，认为伤残情况发生变化的，有权申请劳动能力复查鉴定。

9）因工致残尚有工作能力的，有权在就业方面得到特殊保护，得到职业康复培训和再就业帮助。依照法律规定，用人单位对因工致残的职工不得解除劳动合同，并应根据不同情况安排适当工作。

10）与用人单位发生工伤保险待遇方面争议的，有权按照处理劳动争议的有关规定处理；对工伤认定结论不服或对社会保险经办机构核定的工伤保险待遇持有异议的，可以依法申请行政复议，也可以依法向人民法院提起行政诉讼。

（2）职工工伤保险和工伤预防的义务

权利与义务是对等的，有相应的权利，就有相应的义务。职工工伤保险和工伤预防的义务主要体现在以下4个方面。

1）有义务遵守劳动纪律和用人单位的规章制度，做好本职工作和被临时指派的工作，服从本单位负责人的工作安排和指挥。

2）在劳动过程中必须严格遵守安全操作规程，正确使用个人防护用品，依法接受劳动安全卫生教育和培训，配合用人单位积极预防工伤事故和职业病的发生。

3）申请工伤认定、劳动能力鉴定时，有义务如实反映发生的工伤事故和职业病的有关情况以及工资收入、家庭等有关情况；当有关部门调查取证时，应当给予配合。

4）除紧急情况外，工伤职工应当到签订服务协议的医疗机构进行治疗，对于治疗、劳动能力鉴定、康复要接受有关机构的安排，并给予配合。

10. 工伤预防管理模式

目前，世界上工伤预防体制主要可以分为3类：第一类为独立型，即工伤保险机构自身单独管理和核算，从而使工伤预防体制相对独立。这种体制以意大利和德国为代表，在世界上为数不少。第二类为混合型,即由几个部门联合管理工伤预防,如英国和大多中欧、东欧国家,一般有两个相互独立的政府部门,一个主管职业安全,另一个主管职业卫生。第三类为附属型,即工伤预防职能归属于国家的某个部委,该部委主要是分管劳动和卫生的,如日本、芬兰、荷兰和挪威等国家。

目前我国的工伤预防管理模式主要有以下3个方面。

(1)扩大工伤保险覆盖面

作为一种"保险",大数法则是工伤保险一个十分重要的原则,即参保者必须有较大的人群才能共同应对风险,才能较好开展工伤预防等工作。

(2)费率机制预防措施

费率机制预防措施是指在筹集工伤保险基金的过程中,采取工伤保险行业差别费率和浮动费率机制,根据用人单位的工伤风险和工伤事故发生情况,调整用人单位的缴费费率,即对安全生产状况差、使用工伤保险基金多的用人单位提高缴费比例,对安全生产情况好、使用工伤保险基金少的用人单位降低缴费比例。这实质上是对两种不同情况用人单位的奖惩措施,可以引导用人单位做好工伤预防工作,利用经济杠杆作用激励和督促用人单位加强安全生产管理和工伤预防工作。

(3)其他综合性预防措施

其他综合性预防措施主要指从工伤保险基金中提取一定比例的工伤预防费,做好工伤预防宣传与培训工作,提高用人单位和职工的工伤预防意识和能力,减少工伤事故和职业病的发生。

第2章 工伤事故与职业病防治概述

11. 工伤与职业病概念

（1）工伤概念

工伤，亦称职业伤害、工作伤害，各国的概念不尽相同。"工伤"一词比较规范的说法是在1921年国际劳工大会上通过的公约中提及的，即"由于工作原因受到事故伤害的情况为工伤"。1964年第48届国际劳工大会也规定了工伤补偿应将职业病和上下班交通事故包括在内。

第13次国际劳动统计会议使用了雇佣事故的定义，它是指由雇佣引起的或在雇佣过程中发生的事故（工业事故和上下班事故）。雇佣伤害是指由雇佣事故导致的所有伤害和所有职业病。

我国国家标准《社会保险术语 第5部分：工伤保险》

(GB/T 31596.5—2015）中将"工伤"定义为"职工因工作遭受事故伤害或患职业病"。此外，与工伤相关的概念有以下3种。

1）工伤风险。在工作过程中工伤发生的概率和造成危害的程度。

2）工伤发生率。在一定时期内，用人单位（或统筹地区）发生工伤的人次数占职工总人数的比率。

3）工伤预防。避免与降低工伤风险所采取的宣传和培训等手段和措施。

（2）职业病相关概念

《中华人民共和国职业病防治法》规定，职业病是指企业、事业单位和个体经济组织等用人单位的劳动者在职业活动中，因接触粉尘、放射性物质和其他有毒、有害因素而引起的疾病。《职业病诊断名词术语》（GBZ/T 157—2009）中，对职业病诊断及相关概念作出了解释。

1）职业病诊断。具有职业病诊断资质的医疗卫生机构，根据《中华人民共和国职业病防治法》《职业病诊断与鉴定管理办法》和相关职业病诊断标准，以劳动者的职业病危害因素接触史、临床表现和医学检查结果为主要依据，结合既往病史、工作场所职业病危害因素检测情况等资料，综合分析其疾病的特征和发展变化是否符合相应的职业病特征、发生发展规律和流行病学规律，对接触职业病危害因素的劳动者作出是否患有职业病的诊断结论。

2）职业病诊断证明书。职业病诊断机构依法向劳动者、用人单位出具的职业病诊断证明文件。

3）职业病诊断鉴定书。职业病诊断鉴定委员会依法向申请职业病鉴定的当事人出具的职业病鉴定结果证明文件。

4）职业病诊断标准。国家有关部门颁发的具有法律意义的职业病诊断技术标准。

5）职业病诊断分级标准。在职业病诊断标准中，作为反映疾病严重程度分级的临床及实验室指标。

6）职业病诊断指标。在职业病诊断标准中，作为职业病诊断依据的症状、体征和实验室检查的特异性或非特异性指标。

（3）法定职业病基本概念

职业病是一种人为的疾病。它的发生率与患病率，直接反映疾病预防控制工作的水平。世界卫生组织对职业病的定义，除医学的含义外，还赋予立法意义，即由国家所规定的"法定职业病"。

法定职业病必须具备4个条件：一是患者主体仅限于企业、事业单位和个体经济组织等用人单位的劳动者；二是必须在从事职业活动的过程中产生；三是必须因接触粉尘、放射性物质和其他有毒、有害因素引起；四是必须列入国家规定的职业病范围。

12. 工伤事故常见种类

（1）电气事故

电气事故是指由电气设备不正常运行或人员操作失误直接或间接造成设备损坏、人员伤亡、环境破坏等后果的事件。电气事故可分为触电事故、静电事故、雷电灾害、射频辐射危害和电路故障5类。触电事故的发生存在以下规律：错误操作和违章作业造成的触电事故多；中青年工人、非专业电工造成的触电事故多；低压设备造成的触电事故多；移动式设备和临时性设备造成的触电事故多；电气连接部位造成的触电事故多；6—9月触电事故多；具有环境特点。

（2）机械事故

机械事故是指在机械操作过程中，由于设备故障、操作失误、防护措施不到位等原因导致的人员伤亡事件。机械事故的种类包括：机械设备的零部件处于旋转运动状态时造成的伤害；机械设备的零部件处于直线运动状态时造成的伤害；刀具造成的伤害；被加工零部件造成的伤害；电气系统造成的伤害；手用工具造成的伤害；其他伤害。

（3）焊接切割事故

焊接切割需高温热源，操作时，若操作人员违规未穿戴好防护用具，飞溅的火花极易烫伤皮肤、灼伤眼睛，引发不可逆损伤。设备漏电、回火处理不当等状况，也常导致操作人员触电、遭受灼烫。该类事故的常见种类包括：火灾、爆炸；触电；烫伤；弧光导致的眼病；粉尘爆炸或引起职业病。

（4）火灾爆炸及危险化学品事故

火灾爆炸事故不仅会破坏工厂的设施和设备，而且会带来严重的人员伤亡。特别是因为爆炸的发生，根本没有初期灭火或疏散等机会。危险化学品事故同样是导致工伤的重要原因之一。包装破损、违规混放等行为，极易导致危险化学品泄漏。一旦人员吸入或接触这些泄漏的物质，就可能发生中毒事故。如果泄漏的化学品遇到明火，火灾爆炸事故就可能随之发生，给企业带来极其惨重的损失。

（5）起重事故

很多企业生产过程中都包含起重作业。起重事故一般是指在起重作业过程中发生的，导致人员伤亡、财产损失、设备损坏或者对周边环境产生不良影响的意外事件。起重事故的类型包括坠落事故、触电事故、挤伤事故、机毁事故和其他事故，主要原因包括挤压碰撞人、触电（电击）、高处坠落、吊物（具）坠落砸人、机体倾翻等。

（6）厂内运输事故

该类事故常见种类包括车辆伤害、物体打击、高处坠落、火灾爆炸等。其中以车辆伤害为主，其原因是多方面的，主要包括人（驾驶人员、行人、装卸工）、车（机动车与非机动车）、道路环境3个综合因素。在这3个因素中，人是最重要的因素。

（7）建筑施工事故

建筑施工中最常见的事故为高处作业事故。在距坠落高度基准面2 m及2 m以上有可能坠落的高处进行的作业均称为高处作业。此外，建筑施工工伤的其他来源包括瓦工作业、抹灰作业、木工作业、钢筋作业、架子工作业以及施工现场机动车驾驶作业。

（8）矿山事故

矿山事故是指在矿山开采、挖掘、运输等作业环节中，因各类危险因素引发的，致使矿工身体受到伤害的意外事件。例如，冒顶片帮时顶板突然垮塌，矿工躲避不及被砸伤；瓦斯爆炸瞬间释放巨大能量，造成烧伤、冲击伤；矿车脱轨，矿工被甩落受伤等。矿山事故既严重威胁矿工生命安全，也影响矿山的正常生产经营。

（9）道路交通事故

在工伤认定中，道路交通事故是指职工在上下班途中或因工作需要外出时，于道路上遭遇意外而受伤的情形。例如，职工驾车去拜访客户，途中突遭其他车辆违规变道撞击，身负重伤；职工骑电瓶车通勤，因雨天路滑被机动车碰撞摔倒。这类事故既让职工身体承受痛苦，也可能给企业带来赔付压力，干扰正常的生产秩序。

13. 造成事故的不安全行为与不安全心理

（1）不安全行为

一般地说，凡是能够或可能导致事故发生的人为错误均属于不安全行为。《企业职工伤亡事故分类》（GB 6441—1986）中规定的13大类不安全行为如下：

1）操作错误，忽视安全，忽视警告；

2）造成安全装置失效；

3）使用不安全设备；

4）手代替工具操作；

5）物体（指成品、半成品、材料、工具、切屑和生产用品等）存放不当；

6）冒险进入危险场所；

7）攀、坐不安全位置（如平台护栏、汽车挡板、吊车吊钩）；

8）在起吊物下作业、停留；

9）机器运转时从事加油、修理、检查、调整、焊接、清扫等工作；

10）分散注意力的行为；

11）在必须使用个人防护用品的作业或场合中，忽视其使用；

12）不安全装束；

13）对易燃、易爆等危险物品处理错误。

（2）不安全心理

根据大量的工伤事故案例分析，导致职工发生职业伤害事故最常见的不安全心理主要有以下6种：

1）自我表现心理——"虽然我进厂时间短,但我年轻、聪明,干这活儿不在话下。"

2）经验心理——"多少年一直都是这样干的,干了多少遍了,不会有问题。"

3）侥幸心理——"完全照操作规程做太麻烦了,变通一下也不一定会出事吧。"

4）从众心理——"他们都没戴安全帽,我也不戴了。"

5）逆反心理——"凭什么听班长的呀?今天我就这么干,我就不信会出事。"

6）反常心理——"早上孩子肚子疼,自己去了医院,也不知道是什么病,真担心。"

案例解读

某日,某厂生产一班皮带操作工张某、和某两人负责打扫4号给矿皮带附近的场地,清理积矿。张某清扫完非人行道上的积矿后,准备到人行道上帮助和某清扫。为图方便,张某拿着1.7 m长的铁铲违章从4号给矿皮带与5号给矿皮带之间穿越(当时,4号给矿皮带正以2 m/s的速度运行,5号给矿皮带已停运)。此时,张某手里拿的铁铲触及4号给矿皮带的张紧轮,铁铲和人一起被卷到了皮带张紧轮上。铁铲的木柄被折成两段弹了出去,而张某的头部被顶在张紧轮外的支架上,在高速运转的皮带挤压下,导致其头骨破裂,当场死亡。

这起事故的直接原因是张某安全意识淡薄,自我保护意识极差,严重违反了皮带操作工安全操作规程中关于"严禁穿越皮带"

的规定。事后据调查，张某曾多次违章穿越皮带，属于习惯性违章。正是他的违章行为，导致这起人员死亡事故的发生。

这起事故警示我们，企业应设置有效的安全防护设施，提高设备的本质安全水平。同时，对职工要加强教育，增强其安全意识，杜绝造成事故的不安全行为和不安全心理。

14. 安全生产教育和培训

《中华人民共和国安全生产法》第二十八条规定，生产经营单位应当对从业人员进行安全生产教育和培训，保证从业人员具备必要的安全生产知识，熟悉有关的安全生产规章制度和安全操作规程，掌握本岗位的安全操作技能，了解事故应急处理措施，知悉自身在安全生产方面的权利和义务。未经安全生产教育和培训合格的从业人员，不得上岗作业。

（1）安全生产教育和培训的对象

1）生产经营单位应当进行安全生产教育和培训的对象包括主要负责人、安全生产管理人员、特种作业人员和其他从业人员。

2）生产经营单位使用被派遣劳动者的，应当将被派遣劳动者纳入本单位从业人员统一管理，对被派遣劳动者进行岗位安全操作规程和安全操作技能的教育和培训。劳务派遣单位应当对被派遣劳动者进行必要的安全生产教育和培训。

3）生产经营单位接收中等职业学校、高等学校学生实习的，应当对实习学生进行相应的安全生产教育和培训，提供必要的劳动防护用品。学校应当协助生产经营单位对实习学生进行安全生产教育和培训。

（2）安全生产教育和培训的核心目的

1）统一思想，提高认识。通过安全生产教育和培训，把职工的思想统一到"安全第一、预防为主、综合治理"的方针上来，使生产经营管理者和各级领导真正把安全摆在"第一"的位置，在从事生产经营管理活动中坚持"五同时"（在计划、布置、检查、总结、评比生产工作的同时计划、布置、检查、总结、评比安全工作）的基本原则；使广大职工认识到安全生产的重要性，从"要我安全"变为"我要安全""我会安全"，做到"三不伤害"（不伤害自己、不伤害他人、不被他人所伤害），提高自觉抵制"三违"（违章指挥、违章操作、违反劳动纪律）的能力。

2）提高企业的安全生产管理水平。安全生产管理包括对全体职工的安全生产管理，对设备、设施的安全技术管理和对作业环境的劳动卫生管理。通过安全生产教育和培训，提高各级领导干部的安全生产政策执行水平，掌握有关安全生产法律法规、制度，学习应用先进的安全生产管理方法、手段，提高全体职工在各自工作范围内对设备、设施和作业环境的安全生产管理能力。

3）提高全体职工的安全知识和安全技能水平。安全知识包括对生产活动中存在的各类危险因素和危险源的辨识、分析、预防、控制等知识，安全技能包括安全操作的技巧、紧急状态的应变能力以及事故状态的急救、自救和处理能力。通过安全生产教育和培训，使广大职工掌握安全生产知识，提高安全操作水平，发挥自防自控的自我保护及相互保护作用，从而有效地防止事故发生。

（3）安全生产教育和培训的内容

安全生产教育和培训的内容主要包括思想教育、法治教育、知识教育和技能训练。

1）思想教育主要是安全生产方针政策教育、形势任务教育和重要意义教育等。通过形式多样、丰富多彩的安全生产教育和培训，使各级经营管理者牢固地树立起"安全第一"的思想，正确处理各自业务范围内的安全与生产、安全与效益的关系；主动采取事故预防措施；提升安全意识，激励安全动机，自觉采取安全行为。

2）法治教育主要是法律法规教育、执法守法教育、权利义务教育等。通过法治教育，使企业的各级管理者和全体职工知法、懂法、守法，以法规为准绳约束自己，履行自己的义务，以法律为武器维护自己的权利。

3）知识教育主要是安全生产管理、安全技术和劳动卫生知识教育。通过知识教育，使企业的各级生产经营管理者了解和掌握安全生产规律，熟悉自己业务范围内必需的安全生产管理理论和方法及相关的安全技术、劳动卫生知识，提高安全管理水平；使全体职工掌握各自必要的安全技术，提高企业的整体安全素质。

4）技能训练主要是针对各个不同岗位或工种的职工所必需的安全生产方法和手段的训练，如安全操作技能训练、危险预知训练、紧急状态事故处理训练、自救互救训练、消防演习、逃生避险训练等。通过技能训练，使职工掌握必备的安全生产技能与技巧。

15. 安全生产规章制度

（1）安全生产规章制度的定义

安全生产规章制度是指生产经营单位依据有关法律法规、国家和行业标准，结合生产经营过程中的安全生产实际，以生产经营单位名义起草颁发的有关安全生产的规范性文件，一般包括规程、标准、规定、措施、办法、制度、指导意见等。

安全生产规章制度是生产经营单位落实有关安全生产法律法规、国家和行业标准，贯彻国家安全生产方针政策的行动指南，有效防范生产经营过程中安全生产风险，保障从业人员安全和健康，加强安全生产管理的重要措施。

（2）建立安全生产规章制度的意义

生产经营单位必须依法建立健全以安全生产责任制为核心的安全生产管理规章制度体系。安全生产规章制度是生产经营单位规章制度的重要组成部分，是有关法律、法规、标准在生产经营单位安全生产中的具体落实，是统一全体从业人员从事安全生产的行为准则。因此，一切生产经营单位都必须建立健全一整套既符合有关法律、法规、标准,又符合生产经营单位生产经营管理实际的安全生产规章制度。

建立健全安全生产规章制度是生产经营单位安全生产的重要保障。生产经营单位需要对生产工艺过程、机械设备、人员操作进行系统分析、评价,制定出一系列的操作规程和安全控制措施,以保障生产经营工作合法、有序、安全地运行,将安全风险降到最低。在长期的生产经营活动中,生产经营单位积累了大量的安全风险防范措施,这些措施只有形成安全生产规章制度,才能有效地得到继承和发扬。

建立健全安全生产规章制度是生产经营单位保护从业人员安全与健康的重要手段。只有通过安全生产规章制度的约束,才能防止生产经营单位安全生产管理的随意性,才能使从业人员进一步明确自己的安全生产义务,有效地保障从业人员的合法权益。同时,也为从业人员在生产经营过程中遵章守纪提供明确的标准和依据。

(3)安全生产规章制度的主要内容

一般生产经营单位制定的安全生产规章制度的主要内容包括安全生产教育和培训制度、安全检查制度、安全生产奖惩制度、事故的报告和处理制度、个人防护用品管理制度、设备安全管理制度、危险作业管理制度、安全操作规程等。特殊或专项作业项目的安全生产规章制度可结合项目自身要求加以制定。

16. 作业现场安全信息

(1)安全色

安全色是指传递安全信息含义的颜色,包括红色、黄色、蓝色、绿色4种颜色。它以醒目的色彩向人们提供禁止、警告、指令、提示等安全信息。

1）红色传递禁止、停止、危险或提示消防设备设施的信息。禁止使用、停止使用和有危险的器件设备或环境涂以红色的标记，如禁止标志、交通禁令标志、消防设备等。

2）黄色传递注意、警告的信息。需警告人们注意的器件、设备或环境涂以黄色标记，如警告标志、交通警告标志等。

3）蓝色传递必须遵守规定的指令性信息，如必须佩戴个人防护用品标志、交通指示标志等。

4）绿色传递安全的提示性信息。可以通行或安全的情况涂以绿色标记，如允许通行标志、机器启动按钮、安全信号旗等。

（2）对比色

对比色是为了使安全色更加醒目所用的反衬色。

对比色有黑色和白色两种颜色。黄色安全色的对比色为黑色，红色、蓝色、绿色安全色的对比色均为白色，而黑色、白色互为对比色。

1）黑色用于安全标志的文字、图形符号，警告标志的几何图形和公共信息标志等。

2）白色既可作为安全标志中红色、蓝色、绿色安全色的背景色，也可用于安全标志的文字和图形符号，以及安全通道、交通的标线、铁路站台上的安全线等。

3）红色与白色相间的条纹比单独使用红色更加醒目，表示禁止通行、禁止跨越等，用于公路交通等方面的防护栏杆及隔离墩。

4）黄色与黑色相间的条纹比单独使用黄色更为醒目，表示要特别注意，用于起重吊钩、剪板机压紧装置、冲床滑块等。

第2章 工伤事故与职业病防治概述

5)蓝色与白色相间的条纹比单独使用蓝色更为醒目,用于指示方向,多为交通指导性导向标。

(3)安全线

安全线是指工矿企业中用以划分安全区域与危险区域的分界线。厂房内安全通道的标示线、铁路站台上的安全线都是常见的安全线。在生产过程中,有了安全线的标示,人们就能区分安全区域和危险区域,有利于人们对危险区域的认识和判断。

(4)安全标志

安全标志由图形符号、安全色、几何形状(边框)或文字构成,用以表达特定的安全信息。使用安全标志的目的是提醒人们注意不安全因素,防止事故发生,起到保障安全的作用。当然,安全标志本身并不能消除任何危险,也不能取代预防事故的相应设施。

1)安全标志的类型。安全标志分为禁止标志、警告标志、指令标志和提示标志四大类。

①禁止标志是禁止人们不安全行为的图形标志。其基本形式为带斜杠的圆边框。圆环和斜杠为红色,图形符号为黑色,衬底为白色。

禁止跨越

禁止吸烟

禁止饮用

②警告标志是提醒人们注意周围环境,以避免可能发生危险的图形标志。其基本形式是正三角形边框。三角形边框及图形为黑色,衬底为黄色。

当心火灾

注意安全

当心触电

③指令标志是强制人们必须作出某种动作或采用防范措施的图形标志。其基本形式是圆形边框。图形符号为白色，衬底为蓝色。

必须戴安全帽

必须戴防尘口罩

必须系安全带

④提示标志是向人们提供某种信息的图形标志。其基本形式是正方形边框。图形符号为白色，衬底为绿色。

避险处

紧急出口

可动火区

2）使用安全标志的相关规定。在有较大危险因素的生产经营场所或者有关设施设备上，必须依法设置明显的安全标志，以提醒、警告职工，使他们能时刻清醒地认识到所处环境的危险，提高注意力，加强自身安全保护。

在设置安全标志方面，我国已有诸多相关法律法规。如《中华人民共和国安全生产法》规定，生产经营单位应当在有较大危险因素的生产经营场所和有关设施设备上，设置明显的安全警示标志。安全标志必须符合国家标准。设置的安全标志，未经有关部门批准，不准移动和拆除。

17. 职业病特点与分类

（1）职业病特点

1）职业病的病因是明确的，即由于劳动者在职业活动过程中长期受到来自化学、物理、生物的职业病危害因素的侵害，或长期受不良的作业方法、恶劣的作业条件的影响。这些因素及影响对职业病的发生，直接或间接地、个别或共同地发生作用。例如，职业性苯中毒是劳动者在职业活动中接触苯引起的；尘肺是劳动者在职业活动中吸入相应粉尘引起的。

2）疾病发生与劳动条件密切相关。职业病的发生与生产环境中有害因素的数量或强度、作用时间、劳动强度及个人防护等因素密切相关。例如，急性中毒的发生，多由短期内大量吸入毒物引起；慢性职业中毒，则多由长期吸收较少量的毒物蓄积引起。

3）所接触的病因大多是可以检测的，并且其浓度或强度需要达到一定的程度，才能使劳动者致病，一般接触职业病危害因素的浓度或强度与病因有直接关系。

4）职业病不同于突发性事故或疾病，其病症要经过一个较长的逐渐形成期或潜伏期后才能显现，属于缓发性伤残。

5）职业病具有群体性发病特征，在接触同样有害因素的人群中，多是同时或先后出现一批相同的职业病患者，很少出现仅有个别人发病的情况。

6）由于职业病多表现为体内生理器官或生理功能的损伤，因而是只见"病症",不见"伤口"。

7）大多数职业病如能早期诊断、及时治疗、妥善处理,则预后较好。但有的职业病（如矽肺、煤工尘肺等）属于不可逆性损伤,很少有痊愈的可能,只能对症处理、减缓进程,故发现越晚,疗效越差。

8）除职业性传染病外,治疗个体无助于控制人群发病,必须有效"治疗"有害的工作环境。从病因上来说,职业病是完全可以预防的,发现病因,改善劳动条件,控制职业病危害因素,即可减少职业病的发生。

9）在同一生产环境从事同一工种的人群中,个体发生职业性损伤的概率和程度也有差别。

10）职业病的范围日趋扩大。随着科学技术进步和国家经济实力的提高,越来越多的职业病将被发现,因此《职业病分类和目录》将被逐步调整。

（2）职业病分类

2024年12月11日,国家卫生健康委、人力资源社会保障部、国家疾控局、全国总工会联合调整《职业病分类和目录》,自2025年8月1日起实施。新版目录将职业病分为12类135种,具体包括:职业性尘肺病及其他呼吸系统疾病（尘肺病13种,其他呼吸系统疾病6种）,职业性皮肤病（9种）,职业性眼病（3种）,职业性耳鼻喉口腔疾病（4种）,职业性化学中毒（59种）,物理因素所致职业病（7种）,职业性放射性疾病（13种）,职业性传染病（5种）,职业性肿瘤（11种）,职业性肌肉骨骼疾病（2种）,职业性精神和行为障碍（1种）,其他职业病（2种）。

18. 职业病危害因素

（1）职业病危害因素的来源

1）生产工艺过程。职业病危害因素随着生产技术、机器设备、使用材料和工艺流程变化不同而变化，如与生产过程有关的原材料、工业毒物、粉尘、噪声、振动、高温、辐射及传染性因素等有关。

2）劳动过程。职业病危害因素与生产工艺的劳动组织情况、生产设备布局、生产制度与作业人员体位和方式以及智能化的程度有关。

3）作业环境。职业病危害因素与作业场所的环境有关，如室外不良气象条件，以及室内厂房狭小、车间位置不合理、照明不良与通风不畅等因素。

（2）职业病危害因素分类

2015年，国家卫生计生委、国家安全监管总局、人力资源社会保障部和全国总工会联合发布的《职业病危害因素分类目录》将职业病危害因素分为六大类，包括粉尘（共52种）、化学因素（共375种）、物理因素（共15种）、放射性因素（共8种）、生物因素（共6种）、其他因素（共3种），具体内容可查阅该目录。

19. 职业健康监护

（1）职业健康监护概念

职业健康监护属于二级预防范畴，目的是通过早期检查、早期发现疾病，及时采取预防措施。职业健康监护的定义为：以预防为目的，根据劳动者的职业接触史，通过定期或不定期的医学健康检查和健康相关资料的收集，连续性地监测劳动者的健康状况，分析劳动者健康变化与所接触的职业病危害因素的关系，并及时地将健康检查和资料分析结果报告给用人单位和劳动者本人，以便及时采取干预措施，保护劳动者健康。职业健康监护主要包括职业健康检查、离岗后健康检查、应急健康检查和职业健康监护档案管理等内容。

（2）职业健康监护的目的

1）早期发现职业病、职业健康损害和职业禁忌证。

2）跟踪观察职业病及职业健康损害的发生、发展规律及分布情况。

3）评价职业健康损害与作业环境中职业病危害因素的关系及危害程度。

4）识别新的职业病危害因素和高危人群。

5）进行目标干预，包括改善作业环境条件，改革生产工艺，采用有效的防护设施和个人防护用品，对职业病患者及疑似职业病和有职业禁忌证人员的处理与安置等。

6）评价预防和干预措施的效果。

7）为制定或修订卫生政策和职业病防治对策服务。

（3）职业健康检查

职业健康检查包括上岗前、在岗期间、离岗时职业健康检查。

1）上岗前职业健康检查。上岗前职业健康检查的主要目的是发现有无职业禁忌证，建立接触职业病危害因素人员的基础健康档案。上岗前健康检查均为强制性职业健康检查，应在开始从事有害作业前完成。下列人员应进行上岗前健康检查：①拟从事接触职业病危害因素作业的新录用人员，包括转岗到该种作业岗位的人员；②拟从事有特殊健康要求作业（如高处作业、电工作业、职业机动车驾驶作业等）的人员。

2）在岗期间职业健康检查。长期从事规定的需要开展健康监护的职业病危害因素作业的劳动者，应进行在岗期间的定期健康检查。定期健康检查的目的主要是早期发现职业病病人或疑似职业病病人或劳动者的其他健康异常改变；及时发现有职业禁忌证的劳动者；通过动态观察劳动者群体健康变化，评价工作场所职业病危害因素的控制效果。定期健康检查的周期根据不同职业病危害因素的性质、工作场所有害因素的浓度或强度、目标疾病的潜伏期和防护措施等因素决定。

3）离岗时职业健康检查。劳动者在准备调离或脱离所从事的职业病危害的作业或岗位前，应进行离岗时健康检查，主要目的是确定其在停止接触职业病危害因素时的健康状况。如最后一次在岗期间的健康检查是在离岗前的90日内，可视为离岗时检查。

（4）离岗后健康检查

一些职业病危害因素具有慢性健康影响，所致职业病或职业肿瘤常有较长的潜伏期或潜隐期，故劳动者脱离接触后仍有可能发生职业病。离岗后健康检查时间的长短应根据有害因素致病的流行病学及临床特点、劳动者从事该作业的时间长短、工作场所有害因素的浓度等因素综合考虑确定。

（5）应急健康检查

当发生急性职业病危害事故时，根据事故处理的要求，对遭受或者可能遭受急性职业病危害的劳动者，应及时组织健康检查。依据检查结果和现场劳动卫生学调查，确定危害因素，为急救和治疗提供依据，控制职业病危害的继续蔓延和发展。应急健康检查应在事故发生后立即开始。

从事可能产生职业性传染病作业的劳动者，在疫情流行期或近期密切接触传染源者，应及时开展应急健康检查，随时监测疫情动态。

Tips 相关链接

职业病的"三级预防"

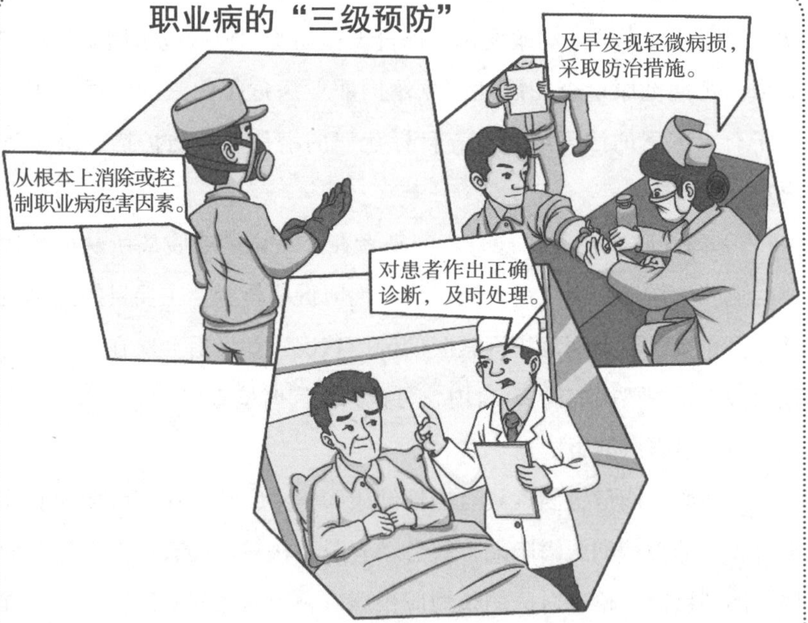

- 从根本上消除或控制职业病危害因素。
- 及早发现轻微病损，采取防治措施。
- 对患者作出正确诊断，及时处理。

职业病的"三级预防"的内容如下。

一级预防又称病因预防，是从根本上消除或控制职业病危害因素对人的作用和损害，即改进生产工艺和生产设备，合理利用防护设施及个人防护用品等，以减少或消除劳动者接触职业病危害因素的机会。

二级预防是早期检测和诊断人体受到职业病危害因素所致的健康损害并予以早期治疗、干预。其主要手段是定期进行职业病危害因素的识别与检测、对劳动者进行定期职业健康检查、加强新型生物监测指标的应用以及推进职业病的诊断和鉴定等，以早期发现病损和诊断疾病，特别是早期健康损害的发现，及时预防、处理。

三级预防是指在劳动者患职业病以后，给予积极治疗和促进康复的措施，包括：对已有健康损害的接触者应调离原有工作岗位，并给予合理的治疗；对生产环境和工艺过程进行改进；促进患者康复，预防并发症的发生和发展。

第3章 机械制造过程工伤预防

20. 机械制造工艺概述

（1）切削加工

切削加工是一种利用切削工具从工件上切除多余材料的加工方法，属于冷加工工艺。它是将金属毛坯加工成具有特定形状、尺寸和表面质量的零件的主要加工方法，尤其是在制造精密零件时，切削加工是实现所需加工精度和表面质量要求的主要工艺。目前，金属切削机床是加工机械零件的主要设备。由于切削作业对象是硬度较高的金属材料，因此，刀具一般比较锋利，且旋转速度较快，这构成了金属切削加工的主要危险特点。

（2）压力加工

压力加工是机械制造的基础工艺之一，在工业生产中占据举足轻重的地位。压力加工工艺也称冲压工艺，主要通过压力机和模具作用，使金属及其他材料在局部或整体范围内产生永久变形。压力加工的应用范围很广，包括弯曲、胀形、拉伸等成型加工，冲裁、剪切等分离加工，以及成型结合、锻造和压接等组合加工等。它是一种少切削或无切削的加工工艺，由于加工效率高、质量好、成本低，压力加工被广泛应用于汽车制造、电气工程和航天航空等多个领域。

（3）热处理

热处理主要是通过加热、保温和冷却等过程，在不改变金属零件外形的条件下，改变其性质（硬度、塑性、导电性等），达到所要求的性能标准，从而提高产品质量。

（4）锻造

锻造是一种利用锻压机械对金属坯料施加压力，使其产生塑性变形，从而获得具有一定力学性能、形状和尺寸的锻件的加工方法。锻造过程不仅能消除金属在冶炼过程中可能产生的铸态疏松等缺陷，还能优化其微观组织结构，同时，由于锻造过程中保存了完整的金属流线，锻件的力学性能一般优于非锻造材料的毛坯。

（5）铸造

铸造是将熔融金属浇注、压射或吸入预先预备好的铸型型腔中，待金属冷却凝固后取出铸件，从而得到具有特定形状和性能的铸件的一种方法。常用的铸造方法包括砂型铸造、熔模铸造、壳型铸造、金属型铸造、压力铸造等。铸造生产是机械制造工业的重要组成部分，在机械制造工业所用的零部件毛坯中，约70%是通过铸造工艺生产的。

（6）焊接

焊接是通过加热、加压或者两者并用，采用或不用填充材料，使两个或多个金属部件在焊接接头处达到原子结合的一种加工方法。为了达到焊接的目的，大多数焊接方法都需要借助加热或加压，或同时实施加热和加压，以实现在焊接接头处的原子结合。焊接中最常用的热源是焊接电弧。常用的焊接方法包括焊条电弧焊、惰性气体保护焊、二氧化碳气体保护焊、埋弧自动焊和等离子弧焊等。

21. 机械制造行业常见工伤事故及其预防实现途径

（1）机械制造行业常见工伤事故

《企业职工伤亡事故分类》（GB/T 6441—1986）综合考虑起因物、致害物和伤害方式等因素，将伤害事故分为20类，其中与机械制造行业相关的工伤事故统称为机械伤害事故。机械伤害事故一般包括以下7种。

1）机械设备零部件做旋转运动时可能引发的伤害事故。机械设备中，零部件最广泛的运动形式是旋转运动，这些旋转的零部件具有动能，其动能主要取决于其质量和旋转速度。当与人体接触时，其动能足以导致伤害，甚至造成人员死亡。旋转运动造成伤害事故的主要形式是绞伤或物体打击。

绞伤的具体形式主要包括以下两种。

①直接绞伤手部。例如，外露的齿轮、皮带轮等可能直接将手指甚至整个手掌绞伤或绞断。

②间接绞伤。例如，将操作者的衣物（如衣袖、裤腿）、劳动防

护用品（如手套、围裙等）或者女性职工的长头发绞入旋转部件。由于绞入后几乎难以挣脱，若未能及时断电停机，这类事故轻则导致绞伤，重则致人死亡。

旋转零部件造成的物体打击主要包括如下两种。

①由于零部件本身强度不够或者固定不牢固，在旋转过程中可能会因离心作用而被甩出，从而击伤人员。

②当在可以旋转的零部件上摆放未经妥善固定的物品时，由于零部件突然开始旋转，这些物品被甩出，进而造成人员伤害。

2）机械设备零部件做直线运动时可能引发的伤害事故。做直线运动的零部件与做旋转运动的零部件相似，同样具有动能。此外，在特定条件下，它们还具有势能。例如，在起重机械作业中，当升降机构的吊钩及其所吊的重物做直线运动时，它们就具有了势能。由直线运动造成的伤害主要有压伤、砸伤和挤伤等。

3）刀具可能造成的伤害事故。车床上的车刀、铣床上的铣刀、磨床上的砂轮、锯床上的锯条等，都是用于加工零件的刀具，它们都可能造成伤害。尤其需要注意的是，刀具在加工过程中产生的切屑往往也会造成较为严重的伤害，其主要形式如下。

①烫伤。刚切下的切屑温度极高，可达600~700 ℃。如果接触手、脚以及脸部的皮肤，就会造成烫伤。

②刺伤、割伤。各种金属切屑都有锋利的边缘，一旦接触皮肤，很容易造成割伤或划伤。尤其需要注意的是，如果切屑飞入眼睛内，可能对眼睛造成严重伤害，甚至导致失明。

4）被加工零件可能造成的伤害事故。机械设备在加工零件的过程中，可能对操作人员造成伤害。这类伤害事故主要有以下两种。

①被加工零件固定不牢而被甩出伤人。例如，车床卡盘夹持工件不牢，被加工零件在旋转时可能被甩出，从而造成人员伤害。

②在吊运和装卸被加工零件过程中可能造成砸伤。特别是笨重的大零件，如果吊运不稳、放置不当，就可能发生倾斜或者坠落，进而造成人员被砸伤或压伤。

5）手用工具可能造成的伤害事故。在机械设备上进行操作时，有时需要使用某些手用工具，如手锤、锉刀、手锯等。这些手用工具若使用不当，可能造成的伤害主要有以下3种情况。

①手锤伤害。手锤的锤头如果有卷边或毛刺，在敲打过程中，卷边或毛刺有可能会被击落飞出从而伤人。此外，若手锤的手柄没有安装牢固，也可能造成锤头飞出伤人事故。

②锉刀伤害。使用没有木柄的锉刀时，操作人员可能会被刺伤手心、手腕。因此，锉刀必须安装木柄，并确保木柄装牢后方可使用。在锉削过程中，不可用嘴吹锉屑，以防止锉屑进入眼睛造成伤害。

③手锯伤害。如果手锯的锯条安装过紧或过松，或是在使用时用

力过猛，都可能造成锯条折断伤人。此外，在锯割快结束时，应该用手扶住被锯下的部分，特别是当锯割的是长件或重件时，以免被锯下的部分掉下砸伤人。

6）电气系统可能造成的伤害事故。在机械制造过程中，所使用的机械设备往往配备电气系统，因此，电气伤害事故也是机械制造过程中较为常见的伤害事故类型。电气系统对人的主要伤害形式是电击。可能导致电击事故的情况主要有以下 5 种。

①当电气系统出现故障时，操作人员擅自修理导致触电。

②由于电气部件绝缘损坏或绝缘效果不佳，导致机械设备外壳带电。若此时防护性接地或接零装置由于未接牢或断裂等原因失去作用，操作人员接触外壳时便会触电。

③使用开关、按钮、馈电导线等，由于没有防护装置遮盖或防护装置损坏等，可能导致某些元件带电部分裸露在外，从而增加操作人员触电的风险。

④局部照明未按规定采用 36 V 以下安全电压，而是错误地使用了 220 V 电压电源，可能导致严重的电击伤害事故。

⑤未按规定规范安装临时用电电线，可能导致操作人员触电。

7）其他伤害事故。在机械设备使用过程中，可能伴随强光、高温，或是释放辐射能、化学能以及尘毒危害物质等，这些都可能造成伤害事故。

（2）机械制造行业工伤事故预防实现途径

1）对工作位置的安全要求：

①机械加工设备的工作位置应安全可靠，确保操作人员的手、头、臂、腿、脚有足够的活动空间，符合人体工程学的要求。

②机械加工设备的工作面高度应符合人体工程学的要求。

③机械加工设备应优先采用便于调节的工作座椅,这样既能保证操作人员方便操作机械,又能提升他们的舒适感。

④机械加工设备的工作位置必须确保操作人员的安全。平台和通道应采用防滑材料铺设,必要时还应设置踏板和栏杆。设置栏杆时,其各项参数应严格符合国家标准《固定式钢梯及平台安全要求 第3部分:工业防护栏杆及钢平台》(GB 4053.3—2009)的规定。

⑤在机械加工生产区域内,应设有使用安全电压的局部照明装置。

2)作业中的安全防护:

①劳动防护用品的使用。劳动防护用品是保护作业人员在使用机械加工设备过程中人身安全与健康所必需的一种防御性装备,它们能在意外事故发生时有效避免和减轻人身伤害。在机械加工过程中,常用的劳动防护用品包括防尘口罩、防毒口罩或防毒面具、防噪声耳塞或耳罩、防振动手套、隔热服、降温背心以及安全鞋等。

②加工区的安全防护。为确保作业人员在机械加工过程中的安全,凡在加工区易发生伤害事故的设备,均应采取有效的安全防护措施。这些措施应保证设备在工作状态下,操作人员身体的任一部位都无法进入危险区域;或当人体意外进入危险区域时,设备能够立即停止运转或进行紧急制动状态。

3)对从业人员的安全管理。有效的安全管理途径包括对从业人员的安全教育和培训、建立并执行安全规章制度,以及对设备(特别是存在重大事故隐患设备)进行定期的安全检查等。

4)维修中的安全保障。维修作业不同于正常操作,往往会采用一些非常规的做法,如移开防护装置或使安全装置暂时失效等。为了避免或减少维修中的伤害事故,应在控制系统中设置专门的维修操作模式;必要时,随设备提供专用的检查、维修工具或装置;对于较笨重的零部件,应在设计时考虑方便的吊装方式。

22. 金属切削工艺危险因素与工伤事故

(1)金属切削工艺危险因素

1)机床设备的危险因素:

①静止状态的危险因素,包括切削刀具的刀刃、机床设备上凸出较长的机械部分,如卧式铣床立柱后方凸出的悬梁等。

②直线运动的危险因素,包括机床的纵向运动部分、横向运动部

分都可能对人体构成伤害。此外，直线运动的凸起部分、运动部分与静止部分的组合，以及直线运动的刀具等在运动时也可能对人体造成伤害。

③回转运动的危险因素，包括机床的回转运动部分、回转运动的凸起部分，都可能对人体造成伤害。此外，运动部分和静止部分的组合，以及回转部分的刀具等也可能对人体造成伤害。

④组合运动的危险因素，包括机床上的直线运动与回转运动的组合，如带与带轮、齿条与齿轮的传动以及回转运动及其组合，都可能对人体造成伤害。

⑤飞出物击伤的危险因素，包括在切削加工过程中，飞出的刀具碎片、工件碎片或切屑等，它们都具有很大的动能，可能对人体造成伤害。

2）人的不安全行为因素：

在机械加工工伤事故中，由于操作人员违反安全操作规程而发生的伤害事故占比相当大。例如，未戴防护帽而使长发卷入机床的丝杠中；未穿符合规定的工作服，导致领带或过宽松的衣袖被卷入机械转动部分；戴针织手套作业导致手套与手一起被旋转刀具卷入危险部位等。

（2）金属切削工艺常见工伤事故

1）由于设备接地不良、漏电或照明未采用安全电压，导致操作人员发生触电事故。

2）旋转部位楔子、销钉等凸出部分未加防护罩，导致人体被绞缠，进而发生伤害事故。

3）在清除铁屑时，未使用专用工具且操作人员未戴护目镜，可能发生剌伤、割伤或崩伤事故。

4）在加工细长杆轴料时，若车床尾部无防弯曲装置或托架，长料在运动过程中可能被甩出而造成伤人事故。

5）被加工的零部件装卡不牢，在运转过程中飞出并击伤人。

6）机床的防护保险装置、防护栏、保护盖等不全或维修不及时，易造成绞伤、碾伤等事故。

7）砂轮有裂纹或装夹不符合规定要求，可能导致砂轮破碎并飞出伤人。

8）操作人员在操作旋转机床时佩戴针织手套，导致手套被机床的转动部分缠绕，进而发生绞手甚至人身伤亡事故。

（3）金属切削工艺工伤事故产生的原因

1）人的不安全行为：

①机械产生的噪声可能使操作人员的知觉和听觉受到干扰，导致判断失误或难以作出判断。

②操作人员依据错误或不完整的信息操纵或控制机械，从而引发操作失误。

③机械的显示器、指示信号等显示错误，可能误导操作人员进行误操作。

④控制与操纵系统的识别性不佳、标准化程度不足而使操作人员产生操作失误。

⑤在时间紧迫的情况下，操作人员没有充分考虑便急于处理问题。

⑥操作人员缺乏对机械危险性的认识。

⑦操作人员技术不熟练或操作方法不当。

⑧准备不充分或安排不周密,可能使操作人员因仓促作业而出现操作失误。

⑨作业程序不当或监督检查不到位,以及违章作业等行为。

⑩人为使机器处于不安全状态,如擅自取下安全罩、摘除联锁装置等。

2)误入危险区:

①当操作机器的条件发生变化,如调整操作参数或改进安全装置时,操作人员未充分了解变化的安全状况而误入危险区。

②出于图省事、走捷径的心理,对熟悉的机器,操作人员可能会有意省略某些安全程序而误入危险区。

③操作人员可能因条件反射而忘记危险区的存在。

④单调的操作容易导致操作人员疲劳或倦怠而误入危险区。

⑤由于身体疲劳、疾病或环境影响造成视觉或听觉障碍而误入危

险区。

⑥错误的思维或记忆，尤其是对机器及操作不熟悉的新工人，可能更容易误入危险区。

⑦当指挥人员错误指挥时，如果操作人员未能正确判断并拒绝，可能误入危险区。

⑧信息沟通不良可能导致操作人员误入危险区。

⑨在异常状态及其他特殊条件下，操作人员可能因应对不当而误入危险区。

3）机械的不安全状态。机械的不安全状态，如机器的安全防护设施不完善，以及通风、防尘、照明、防振动、防噪声等安全卫生设施缺乏等，均可能诱发伤害事故。如前所述，运转中的机械尤其容易造成伤害事故。

23. 常见机床加工工伤预防

（1）铣床加工工伤预防

在铣床加工作业过程中，铣刀、切屑、工件以及用于安装工件的夹具都可能对铣工造成伤害。为了预防铣床加工工伤事故，铣工应遵守以下安全操作规程。

1）工作前，务必全面检查铣床各系统的安全性与可用性，确保各手轮摇把处于正确位置，快速进刀机构无障碍物，各限位开关能够起到安全保护作用等。

2）在安装刀杆、支架、垫圈、分度头、虎钳、刀孔等部件时，接触面均应擦拭干净无杂物。

3）铣床启动前，仔细检查刀具是否安装牢固，工件是否稳固夹紧。压板必须平稳放置，支撑压板的垫铁高度适中且数量不宜过多。刀杆垫圈不能做其他用途使用，使用前要检查其平行度。

4）铣床运转时，严禁测量工件尺寸、对样板或用手触摸加工面。加工过程中，不准将头部贴近加工表面观察切削情况。取卸工件时，必须在移动刀具后进行。

5）每次启动铣床及动用各移动部位时，要注意刀具及各手柄处于正确位置。严禁突然扳动快速移动手柄。在扳动快速移动手柄时，应先轻轻动一下，确认移动方向无误后再正式进行操作。

6）对刀时必须慢速进刀，当刀具接近工件时，应改为手摇进刀，严禁快速进刀。在刀具正在移动时不准停车。铣削深槽时，应先停车后退刀。在快速进刀时，应注意防止手柄意外伤人。在使用万能铣进行垂直进刀时，应确保工件装夹与工作台保持一定安全距离。

7）吃刀深度应适中，避免过猛切削。自动走刀时，必须摘掉工作台上的手轮。同时，严禁突然改变进刀速度，应在操作前预先调整好限位撞块。

8）开启快速移动功能时，必须确保手轮与转轴已脱开连接，防止手轮意外转动伤人；在高速铣削时，要防止铁屑飞溅伤人，且严禁急制动，以避免对铣床主轴造成伤害。

9）铣床的纵向、横向、垂直移动应与操作手柄指示方向一致，否则应立即停止工作并检查原因。在铣床工作时，纵向、横向、垂直的自动走刀功能只能选择一个方向使用，且不得随意拆卸各方向的安全挡板。

10）在铣床上进行工件或刀具的上下装夹、紧固、调整、变速及测量工件等工作时，必须停车。更换刀杆、刀盘、立铣头及铣刀时，同样应停车。在拉杆螺钉松脱后，操作人员应注意避免手部受伤或铣床损伤。

11）在拆装立铣刀时，台面上须垫木板，同时禁止用手托举刀盘。

12）在装配平铣刀并使用扳手扳紧螺母时，应注意选用适当的扳手开口尺寸，并避免用力过猛导致滑倒甚至损坏铣床或工具。

13）进行顺铣操作时，必须清除丝杠与螺母之间的间隙，防止损坏铣刀。

14）工作结束时，应按规定顺序关闭各开关，并将铣床各手柄扳回空位。随后擦拭机床并加注润滑油，以维护机床清洁。

（2）钻床加工工伤预防

为了有效预防钻床加工操作中的工伤事故，操作人员应遵守以下安全操作规程。

1）工作前，必须穿戴好符合安全要求的工作服，扎紧袖口，同时，严禁围围巾、戴针织手套操作，女职工应将发辫挽入帽子内。

2）在钻床开动前，检查设备上的防护装置、保险装置、信号装置完好无损且功能正常。机械传动部分和电气部分应有可靠的防护装置，工具和卡具应完好无损，否则严禁开动钻床。

3）钻床的平台应牢固固定，工件应夹紧。在钻削小件时，应使用专用工具夹持工件，防止工件被刀具带起旋转而造成伤害。严禁用手拿着或按着工件进行钻孔操作。

4）钻床开动后，严禁触摸运动的工件、刀具和传动部分。同时，禁止隔着钻床转动部分传递或拿取工具等物品。

5）在进行手动进刀操作时，应按照逐渐增压和减压的原则进行，以免用力过猛造成事故。

6）在调整钻床速度、行程，装夹工具和工件，以及擦拭钻床时，要停车进行操作。

7）钻头在运转时，禁止使用棉纱和毛巾擦拭钻床或清除铁屑。当钻头上缠绕长屑时，必须停车，并使用刷子或铁钩等工具进行清除，禁止用嘴吹或手拉。

8）在操作过程中，必须集中精力。摇臂和拖板必须锁紧后方可开始工作。装卸钻头时，严禁用手锤和其他工具、物件敲打，也不可借助主轴上下、往返撞击钻头，而应使用专用钥匙和扳手进行装卸。此外，钻夹头不得夹持锥形柄钻头。

9）在钻削薄板时，需要加垫木板。当钻头快要钻透工件时，应轻轻施加压力，以免折断钻头、损坏设备，从而发生意外事故。

10）钻床运转时，操作人员不得离开工作岗位，如需暂时离开，必须停车并切断电源。

11）当两人或两人以上在同一台钻床工作时，必须有一人负责安全并进行统一指挥，防止发生事故。

12）在操作过程中，如发现异常情况应立即停车，并请有关技术人员进行检查和维修。

13）工作完成后，应关闭机床总闸，擦拭干净钻床，并清扫工作地点。零件应堆放整齐，工作场地应保持整洁。同时，应认真做好交接班工作。

（3）镗床加工工伤预防

为了预防镗床加工操作中的工伤事故，操作人员应遵守以下安全操作规程。

1）工作前必须穿戴好符合安全要求的工作服，扎紧袖口，同时，严禁围围巾、戴针织手套操作，女职工应将发辫挽入帽子内。

2）镗孔时，不要把头伸向镗孔处，以防发生意外。

3）工作前，应认真检查夹具及锁紧装置是否完好正常。

4）工件要夹紧、牢固，确保工作过程中不会松动。

5）工作开始后，应先用手给料，使刀具缓慢接近加工部分，确保无误后再切换为机动给料。

6）镗床运转时，严禁将手伸过工作台；在检验工件时，如有手部碰触刀具的风险，应先将刀具退到安全位置再进行检验。

7）调整镗床时，应注意在升降镗床主轴箱之前，必须先松开立柱上的夹紧装置，否则可能导致镗杆弯曲及夹紧装置损坏，造成伤害事故；安装镗杆前，应仔细检查主轴孔和镗杆是否有损伤或污物，确保清洁无损；安装时，严禁用锤子和其他工具敲击镗杆，避免损坏设备。

8）当刀具处于工作位置时，禁止停车或开车，应待刀具离开工作位置后再进行操作。

9）工作完成后，关闭镗床总闸，擦拭干净镗床并清扫工作场地，确保零件堆放整齐，工作场地整洁。要认真做好交接班工作。

（4）刨床加工工伤预防

为了有效预防刨床加工操作中的工伤事故，操作人员应遵守以下安全操作规程。

1）启动前准备事项：

①工件必须夹牢在夹具或工作台上，夹装工件的压板不得超出工

作台面，刨床床最大行程内严禁站人。刀具安装时不得伸出过长，且必须装夹牢固。

②校正工件时，严禁使用金属物猛敲或用刀架推顶工件。

③当工件宽度超出单臂刨床加工宽度时，其重心对工作台重心的偏移量不得超过工作台宽度的 1/4。

④调整冲程时，应确保刀具不接触工件。用手柄摇动进行全行程试验，滑枕调整后必须锁紧并立即取下手柄，以防止其落下伤人。

⑤当龙门刨床的床面或工件伸出过长时，应设置防护栏杆，栏杆内禁止行人通过或堆放物品。

⑥龙门刨床在刨削大工件前，应先检查工件与龙门柱、刀架间的预留空隙，并确认工件高度限位器安装正确、牢固。

⑦龙门刨床的工作台面、床面及刀架上禁止站人、存放工具或其他物品，操作人员不得跨越台面。

⑧作用于刨床手柄上的力，在工作台水平移动时不应超过 80 N，上下移动时不应超过 100 N。

⑨工件装卸、翻身时，应防止锐边、毛刺割伤手部。

2）运转中注意事项：

①在刨削行程范围内，前后严禁站人；操作时不得将头、手伸到牛头前观察刨削部分和刀具；刨床未安全停稳前，禁止测量工件或清除切屑。

②吃刀量和进刀量应适当，进刀前应使刨刀缓慢接近工件。

③刨床必须先启动运转，待运转平稳后方可进行吃刀或进刀操作。在刨削过程中，如需停止刨床运转，应先将刨床退离工件再停车。

④运转速度稳定时,滑动轴承温升不得超过 60 ℃,滚动轴承温升不得超过 80 ℃。

⑤调整龙门刨床工作台行程时,必须停机操作。调整时,最大行程两端余量不得超过 0.45 m。

⑥经常检查刀具、工件的固定情况,同时检查刨床各部件的运转是否正常。

3)停机注意事项:

①工作中如发现滑枕升温过高、换向冲击声异常、行程振荡声异响或刨床突然停车等异常状况时,应立即切断电源,退出刀具,并进行检查、调整、修理等。

②停机后,应将牛头滑枕或龙门刨床工作台面、刀架等部件复位至规定位置。

24. 磨削加工工伤事故预防及设备安全使用

(1) 磨削加工工伤事故预防

除内圆磨削用砂轮、用于手提砂轮机上直径不大于 50 mm 的砂轮以及金属基体的金刚石和立方氮化硼砂轮外,所有砂轮必须在装有砂轮防护罩的磨削机械上使用。我国磨削加工安全标准对此有明确规定。

1)在任何情况下,均不允许以超过砂轮的最高安全速度进行磨削。一般通过控制砂轮主轴的合理转速来满足这项要求,并应定期校核主轴转速。更换新砂轮时,还需要进行必要的验算,确保其转速符合安全标准。

2）根据砂轮结合剂正确选择磨削液。使用树脂结合剂砂轮进行磨削时，水性磨削液的含碱量不得超过 1.5%；使用橡胶结合剂砂轮进行磨削时，禁止使用油基磨削液。使用时，砂轮应全部浸入磨削液中；磨削结束前，应先停供磨削液，待砂轮继续旋转至磨削液甩净后再停机。湿式磨削时，必须设置防溅挡板。

3）磨削时，应在砂轮运转平衡后再使工件吃刀，砂轮退出后再停车。工件加工结束或告一段落时，应将相关操纵手柄放置于空挡位置。

4）在寒冷工作场地使用砂轮时，应逐渐增加负荷直到满足使用要求，保证砂轮温升均匀。当环境温度低于 0 ℃时，不得使用磨削液。

5）定期检查砂轮装置的安全状态。检查重点包括卡盘和主轴是否存在缺陷、砂轮直径和厚度是否磨损过量或变形、平衡块是否损坏等。出现异常应及时维修或更换。

6）磨削镁合金工件时容易引起火灾，应采取以下防护措施：保持有效通风，及时润湿粉尘；定期清除通风装置管道里的粉尘；采取严格的防护措施，确保作业安全。

7）磨削加工的个人安全卫生防护：

①在干式磨削操作中，粉尘、研磨剂、磨粒和碎屑可能会损伤操作人员的眼睛。操作时，应佩戴防护眼镜或护目镜，并设置固定防护屏等，以有效保护眼睛。

②磨削加工操作间应配置有效的局部通风除尘装置。对于移动式砂轮作业，因不便使用固定通风设施，应避免长时间操作。必要时，操作人员可配备个人防尘呼吸用品。

（2）砂轮机安全使用

1）应根据工件材质和加工进度要求，选择材料粒度砂轮；应根据工件的加工形状，选择与之相适应的砂轮面。

2）所用砂轮不得有裂痕、缺损等缺陷，安装必须稳固。在使用过程中应时刻注意砂轮状态，一旦发现砂轮有裂痕、缺损等，应立刻停止使用并更换新砂轮。

3）安装砂轮时，砂轮内孔与主轴配合的间隙不宜太紧。砂轮安装完毕后，必须安装防护罩、挡板和托架。新装砂轮启动时，不要直接投入使用，应先点动试转，试转正常后方可使用。

4）操作人员应佩戴防护眼镜和手套，防止飞溅的金属屑和砂粒对人体造成伤害。

5）磨削时，操作人员应站在砂轮机的侧面，严禁两人同时使用同一砂轮机。初磨时不能用力过猛,以免砂轮受力不均引发事故。禁止磨削紫铜、铅、木头等材料,防止砂轮嵌塞。

6)施加在被磨削工件上的压力应适当,压力过大会导致加工面过热退火,严重时可能使工件报废,并造成砂轮寿命降低。

7)为防止被磨削的工件加工面过热退火,可随时将磨削部位浸入水中冷却;磨削时间过长的刀具也应及时冷却,避免烫伤。

8)对于宽度小于砂轮磨削面的工件,磨削时不应始终在砂轮的同一部位进行,而应在砂轮磨削面上周期性左右平移,以保持砂轮磨削面相对平整,便于后续加工。

9)砂轮机应使用带漏电保护装置的断路器与电源连接;定期测量电动机的绝缘电阻,确保其不低于 5 kΩ。

相关链接

关于砂轮机的安全使用,我国专门出台了《磨削机械安全规程》(GB 4674—2009)等一系列国家标准。《磨削机械安全规程》规定了磨削机械的设计与制造、使用、管理和维护的安全技术要求,适用于使用砂轮或砂瓦进行手动、机动或自动加工的磨削机械,但不适用于使用带柄磨头、涂附磨具、油石和研磨膏的磨加工机械。

25. 铸造过程工伤预防

(1)混砂作业

1)操作人员必须穿戴整齐劳动防护用品后,方可进入工作岗位。

2）开始混砂以前，必须先进行空载运转，检查混砂机是否运转正常，确认无异常后方可投料。

3）每次石英砂的装入量不得超过混砂机最大核载的10%。运转时必须保证砂料不会飞出机盆外。

4）面砂和背砂交换混制时，必须彻底清理机盆内的残留砂料，确保机盆内无背砂残留后方可进行面砂混制，严禁背砂混入面砂中。

5）混制好的面砂和背砂必须分开堆放，堆放距离不小于1 m，并用塑料布掩盖，避免砂料大面积暴露在空气中。

6）机器运转过程中，严禁将手和工具伸入机盆内。

（2）造型作业

1）造型作业中应注意起重运输安全，严禁在起吊物下方工作。砂型应放置在平稳而坚固的支架上，防止物件坠落造成伤害。

2）砂箱堆垛时应防止倒塌，堆垛总高度一般不得超过2 m。

3）手工造型和造芯时，应注意以下安全事项：防止砂箱或芯盒落地砸脚，防止手指被砂箱挤压，防止砂中的钉子或其他锐利金属片划破手部，防止钉子扎脚等。

4）使用机器造型、造芯时，操作人员一定要熟悉机器的性能及安全操作规程。

5）采用地坑造型时，应了解地坑造型部位的水位情况，防止浇注时高温金属液体遇潮发生爆炸；同时，还应安排好排气孔道，确保铸型底部的气体能够顺利排出。

6）抛砂造型时，操作人员应相互配合；抛砂机悬臂周围不得堆放砂箱等物品；停止工作时，应紧固悬臂，防止其移动。

7）芯铁、砂箱的加强筋不得暴露在铸型表面，否则因其吸潮，金属液体与其接触时易发生"炝火",造成烫伤事故。

8)在造型捣砂时,操作人员应穿着硬包头工作鞋,并保持精神集中。操作捣固机时,捣锤不得撞击脚部、箱边、箱带、浇口或出气口,以免影响砂型质量和造成人身伤害。

(3)砂型烘干作业

1)装炉时,应确保装车平稳。砂箱装叠应遵循下大上小的原则,依次排列。上、下砂箱之间四角应用铁片塞好,防止倾斜和晃动。

2)装卸炉时,必须由专人负责指挥。装卸砂型、砂芯时,应均匀操作,严禁单边调装,以免引起翻车事故。

3)砂型、砂芯起吊时,应注意起吊质量,不得超过行车负荷。每次起吊的砂型应为同一规格,严禁大小混吊。

4)加煤或扒渣时,操作人员应佩戴好防热面罩,防止火焰及热气灼伤脸部。

5)火门附近禁止堆放易燃、易爆物品,炉门附近及轨道周围严禁堆放障碍物。

(4)浇包与浇注作业

1)浇注工必须穿好防护服,并佩戴护目镜。

2)浇注前,应认真检查以下内容:浇包、吊环和横梁有无裂纹;机械转动和定位锁紧装置是否灵活、平稳、可靠;漏底包塞杆是否操纵灵活,塞头与塞套是否紧密吻合,确保无金属液体泄漏。

3)浇注通道应保持畅通,无坑洼不平和障碍物,以防绊倒。手工抬包架大小要合适,确保浇包装满金属液体后重心位于套环下部,防止浇包倾覆造成人员伤亡。提前准备好处理剩余金属液体的场地与锭模。

4）起吊装满铁（钢）水的浇包时，应注意避免碰撞出铁（钢）槽，防止引起铁（钢）水倾倒与飞溅事故。浇注包盛铁（钢）水时不得太满，以防洒出伤人。

5）铸型的上、下箱必须锁紧或施加足够质量的压铁，防止浇注时发生抬箱或"跑火"事故。

6）浇注过程中，当铸型中金属液体达到一定高度时，应及时引气（点火），排出铸型中的可燃气体与不可燃气体。

7）浇注时若发生严重"炝火"现象，应立即停止浇注，防止金属液体喷溅造成人员烫伤或火灾。

8）浇注产生有害气体的铸型（如水玻璃流态砂、石灰石砂、树脂砂铸型等）时，应特别注意通风，防止操作人员中毒。

（5）落砂清理作业

1）落砂清理工必须做好个人防护，熟悉各种落砂清理设备的安全操作规程。

2）从铸件堆上取铸件时，应自上而下取件，以免铸件倒塌伤人。重大铸件的翻动应使用起重机；吊挂铸件或用手翻倒铸件时，应防止吊索或铸件挤压手部；起吊前应了解被吊运铸件的质量，严禁超负荷起吊；吊索应挂在铸件的适当部位上，不得挂在浇冒口上。

3）手工清砂时，应防止残余粘砂及铸件上的飞边、毛刺、浇冒口割伤手部，并防止飞砂伤害眼睛。

4）使用风铲前，应确保压缩空气软管与风管、风铲连接牢固、可靠；风铲应放在将要清理的铸件边上后再开动；风铲不得对着人铲削，以免飞屑伤人；停用时，应关闭风管上的阀门，停止对风铲供气，并将风铲垂直插入地里。

5）清理打磨镁合金铸件时，必须防止镁尘沉积在工作台、地板、窗台、架空梁、管道以及其他设备上。在打磨镁合金铸件的设备上，严禁打磨其他金属铸件，以防产生的火花引起镁尘燃烧。

 案例解读

> 2007年，辽宁省某钢铁厂生产车间发生一起严重事故。一个装有约30 t合金熔液的钢包在吊运至铸锭台上方2~3 m高度时，突然发生滑落倾覆。钢包倒向车间交接班室，合金熔液涌入室内，导致正在交接班室内开班前会的32名职工当场死亡，另有6名炉前工人受伤，其中2人重伤。

26. 锻造过程危险有害因素及工伤预防

（1）锻造过程危险有害因素

1）锻造机械、工具或工件直接造成的伤害。例如，锻锤锤头的击伤；锻件放置不当、锤击力过猛或工具断裂等原因导致锻件、工具飞出伤人等。此外，锻造设备工作时产生的冲击力较大，容易引发严重的工伤事故。

2）锻造加热炉、压力机和锻锤附件产生的热辐射，可能导致烧伤、烫伤或灼伤。

3）火灾爆炸危险。锻压车间地坑中积存的油污可能引发火灾；气体燃料加热炉点火不当、鼓风突然停止、燃气泄漏或燃料蒸气积聚等因素，均可能引起爆炸。

4）锻造车间空气中可能存在以下有毒有害物质：二氧化硫、一氧化碳、硫化氢等有害气体，压缩空气吹起的灰尘、氧化皮、石墨、冲模时形成的油气溶胶等。

5）锻造车间往往存在较大的噪声和振动，噪声多为脉冲噪声，声压级大多超过国家标准的规定。

（2）锻造过程工伤预防

1）开始操作前，应选择适合操作形状和规格的钳子等工具。不得使用松动或卷边的锤头、钳口变形的钳子或沾有油脂的压铁。

2）车间处于生产状态时，所有进入车间的人员必须戴安全帽。操作人员必须穿好符合规定的防护服和防护工作鞋，严禁穿短袖上衣、短裤等不符合规定的服装上岗。操作人员生产时必须佩戴防护眼镜，以避免毛刺、火星等损伤眼睛；加热工应佩戴防辐射眼镜。当生产环境噪声超过规定限值时，必须使用护耳器（耳塞或耳罩）。

3）锻件掌钳人员发出的信号必须清楚、准确，其他操作人员不得随意发出信号。司锤工有权拒绝不符合安全操作规程的指挥。各岗位人员如发现问题要停止工作时，可随时发出停锤口令，发出停锤口令后必须立即停止锻打。

4）使用钳子等工具时，不得将工具尖端朝向人体，手指不能置于钳柄中间。用钳子夹持大件时，钳杆应套上铁环箍或扎上绳索。使用起重机吊链锻造大件时，吊链和吊钩应用保险装置钩牢，防止振动脱落。坯料或锻件放置在吊链、选料叉上时，应确保位置平稳、牢固，防止滚落伤人。

5）开锤前应进行预热。若锻锤停开时间较长，开锤前应排出汽缸中的冷凝水。锻锤启动前需空转一段时间，空转后应试锤几下，确认正常后方可开锤工作。

6）锻件应平稳地放置在铁砧上；复杂零件需倾斜锻造时，应选好着力点，防止锻件飞出伤人。锤击过程中，严禁往砧面上塞放垫铁，必须待锤头悬空平稳后方可放置。垫铁在砧面上的放置位置和深度应恰当，以防打飞伤人。

7）使用手锤时不得佩戴手套，操作人员应站在与掌钳者成90°角的位置。抡锤前，应注意周围有无行人或障碍物，确保操作环境安全。

8）应使用工具接送锻具，严禁将手伸入模具下方。严禁直接用手或脚清除砧面上或模膛里的氧化皮；使用压缩空气吹扫氧化皮时，对面不得站人。若发生卡锤现象，应立即切断动力源，并用安全栓支撑后使用工具解脱。严禁身体的任何部分进入锤头下方。

9）搬运或向酸洗槽中倾注酸液时，应使用专用工具。若使用室外储酸罐加酸，必须严格按照操作顺序进行。

27. 焊接安全操作规程

（1）焊条电弧焊安全操作规程

1）焊接前，应检查焊接场所的工件和工具是否合理放置。检查设备、电气线路及保护接地线是否正确可靠，确保接地点接触良好，避免发热或产生火花。

2）焊接操作人员的手和身体其他部位不得接触二次回路的导体。在身体大量出汗、衣服湿透等情况下，严禁直接接触工作台、焊件或焊钳（枪）等带电体，以防触电。对于空载电压较高的焊机，在潮湿环境中使用时，应在操作台附近地面铺设橡胶绝缘垫。

3）转移工作地点、搬运焊机、更换熔丝、检修焊机、改变焊机接头或更换焊件时，必须先切断电源再进行操作。推拉闸刀开关时，必须佩戴绝缘手套，同时头部需偏斜，防止开关飞弧灼伤脸部和眼睛。

4）在金属容器内（如油槽、锅炉、管道或舱室等）、金属结构上及其他狭小工作场所焊接时，应采取专门防护措施，如加设橡皮垫、佩戴绝缘手套、穿上绝缘鞋等，确保焊接操作人员与焊件之间的绝缘，防止触电事故发生。

5）焊接工作结束时，应先按下接触器的停止按钮，切断焊机电源，再拉断电源闸刀开关。严禁在焊接时带负荷拉闸，以免产生电弧伤害操作人员。

（2）氩弧焊安全操作规程

1）熟知氩弧焊操作的基本技术流程，工作前穿戴好劳动防护用品，检查焊接电源和系统接地线是否可靠，对设备进行空载运转，确认电路、水路、气路畅通。

2）焊接过程中，严禁在电弧附近吸烟、进食，防止有害烟尘进入体内。设备发生故障时，应立即停电检修，检修工作应由专业维修人员进行。

3）磨削钨极棒时，应佩戴口罩和手套，正确使用砂轮机。更换钨极时，必须先切断电源，确保操作安全。

4）气瓶不得受到强烈冲击和挤压，以防气瓶损伤或内压升高引发爆炸。瓶阀冻结时，严禁用火烤，应用热水或蒸汽解冻，防止瓶内可燃气体着火或瓶阀密封材料损坏。气瓶应远离热源，与明火的距离一般不小于 10 m，防止瓶内气体受热膨胀引发爆炸。

5）瓶内气体不得用尽，须保留一定的气体压力。这样做的目的：一是防止空气进入气瓶；二是当气瓶漆色标志不明时，可通过剩余气体化验鉴别，避免充瓶时气体混装。

6）焊接工作结束时，应切断电源，关闭冷却水和气瓶阀门，扑灭残余火星后方可离开作业现场。

（3）二氧化碳气体保护焊安全操作规程

1）进行二氧化碳气体保护焊前，应提前 15 min 给预热器送电。焊接工作结束后，必须切断预热器的电源。

2）开启二氧化碳气瓶阀门时，操作人员应站在阀门的侧面，防止被泄漏的高压气体伤及面部或身体其他部位。

3）合理调整焊接工艺参数，避免焊丝熔化不稳定导致焊丝头甩出伤人。

4）加强焊接场所的通风，防止有毒气体及烟尘危害。对于小型工件，可在带有通风装置的密闭防护箱内进行焊接。在容器、舱室等狭小空间内进行二氧化碳气体保护焊时，不仅要有良好的通风措施，还需使用专门的通风面罩。

（4）埋弧焊安全操作规程

1）进行埋弧焊前，操作人员应穿戴好劳动防护用品，如绝缘鞋、绝缘手套、工作服等。检查焊机各部分导线的连接是否良好，确保焊接设备有可靠的接地或接零保护线。焊接小车的轮子应与工件绝缘，防止漏电。

2）焊接过程中，操作人员应确保电弧始终处于焊剂保护层下，避免眼睛受到弧光辐射。清除覆盖在焊道上的渣皮时，应佩戴护目镜，防止飞溅的渣屑损伤眼睛。

3）在通风不良的舱室或容器内进行埋弧焊时，应采用有效的通风设备，及时排出焊接过程中产生的有害气体。在夜间或光线不良的环境下操作时，应配备足够的照明灯具，照明灯的电压不得超过 12 V。

4）焊接工作结束时，必须切断焊接电源。自动焊小车应放置在平稳的地方。半自动埋弧焊的手把应妥当放置，禁止手把带电部位与其他物件接触，以免再次通电时发生短路。

（5）等离子弧焊安全操作规程

1）焊接设备应安放在干燥、清洁和通风良好的地方，且外壳必须可靠接地。

2）焊接过程中应加强通风，防止烟尘和有害气体危害操作人员。操作人员应佩戴好必要的焊接防护用品，如面罩和护目镜等，防止弧光伤害。

3）压缩空气装置应设有汽水分离器，及时排放积水。使用前应先向管道中通气 3 min，排除凝结水汽。当压缩空气压力小于 0.3 MPa 时，汽水分离器应能自动启动闭锁装置。

4）严禁触碰设备上的带电部分，更不能用双手同时接触带电焊枪的正、负两极，以防电击伤害。

5）更换焊枪中的钨极时，必须先切断直流电源。手直接接触放射性电极后，应及时用肥皂清洗双手。磨削钍钨极棒时，最好使用带喷水的砂轮机，以减少粉尘危害。

 相关链接

焊割作业中的"十不焊割"：

（1）焊工必须持证上岗，无特种作业操作证的人员，不准进行焊割作业；

（2）凡属一级、二级、三级动火范围的焊割作业，未经办理动火审批手续，不准进行焊割作业；

（3）焊工不了解焊割现场周围情况时，不准进行焊割作业；

（4）焊工不了解焊割件内部是否安全时，不准进行焊割作业；

（5）各种装过可燃气体、易燃液体和有毒物质的容器，未经彻底清洗并排除危险性之前，不准进行焊割作业；

（6）用可燃材料作保温层、冷却层或隔声、隔热设备的部位，以及火星能飞溅到的地方，在未采取切实可靠的安全措施之前，不准进行焊割作业；

（7）有压力或密闭的管道、容器，不准进行焊割作业；

（8）焊割部位附近有易燃易爆物品，在未清理或未采取有效的安全措施前，不准进行焊割作业；

（9）附近有与明火作业相抵触的工种作业时，不准进行焊割作业；

（10）与外单位相连的部位，在没有弄清有无险情，或明知存在危险而未采取有效的措施之前，不准进行焊割作业。

28. 焊接过程工伤预防

（1）焊接灼伤的预防措施

在焊接过程中，如果防护不当，焊接电弧、飞溅的金属熔滴、红热的焊条头、焊接熔渣或刚焊接过的焊件等都可能对人体造成伤害，导致皮肤或眼睛灼伤。为防止焊接灼伤事故的发生，应采取以下措施。

1）穿好工作服。为避免飞溅金属熔滴落入裤内，上衣不应塞在裤子里，裤脚不得向外卷出，工作服口袋应盖好。检查绝缘手套是否完好，确保手部防护到位。在有大量飞溅物或狭小场所焊接时，应做好颈部和脸部防护，防止飞溅的金属熔滴灼伤皮肤。

2）对焊件进行预热时，为避免灼伤，应用石棉板遮盖烧热部分，仅露出待焊接部分。

3）使用大电流，尤其是粗丝二氧化碳气体保护焊时，焊钳上应加设防护罩，防止飞溅物伤人。

4）高空作业更换焊条时，严禁乱扔红热的焊条头，以免烫伤他人或引发事故。

5）合闸时，应将焊钳挂起或放在绝缘板上；拉闸时，应先停止焊接。旋转式直流焊机应采用磁力启动器启动,严禁直接用闸刀开关启动。

6）清渣时,操作人员应佩戴符合要求的防护眼镜。清渣方向应避开其他人员,严禁清理未冷却的熔渣,以防高温熔渣崩落造成灼伤。

（2）焊接电弧辐射伤害的预防措施

焊接电弧是电极与工件之间产生的一种强烈的气体放电现象。弧光辐射到人体上,会对体内组织产生热作用、光化学作用或电离作用,导致人体组织发生急性或慢性损伤。电弧温度越高,弧光的辐射能力越强；在电压相同的情况下,惰性气体电弧的辐射能力比其他气体电弧的辐射能力更强。为防止焊接电弧辐射伤害,应采取以下措施。

1）为防止皮肤受到电弧伤害,焊接操作人员必须穿戴工作服、手套等劳动防护用品。禁止在卷起袖口、穿短袖衣服或敞开衣领等状态下进行焊接操作。

2）焊接操作人员应选用合适的面罩（手持式和头盔式）,所选用的护目玻璃必须符合安全要求。与焊接工作有关的其他人员应按规定佩戴防护眼镜。禁止直接用眼睛观察电弧,不得任意更换滤光镜片的色号。

3）焊接工地附近如有白色墙壁或玻璃等具有反射作用的物体,应将其屏蔽,防止反射光伤人。

4）焊接小工件的固定场所应设置防护屏,防护屏最好采用涂有灰色或黑色油漆后的耐热材料制作。临时施焊处可使用耐火材料（如石棉板、玻璃纤维布、钢板等）作为防护屏,并用角钢或钢管作支架。

（3）高频电磁场伤害的预防措施

在焊接操作过程中，由于电机内高频振荡器的作用，焊钳部分往往带有高频电。人体长时间暴露在高频电磁场中，可能出现神经功能失调的症状，如头晕、疲乏无力、记忆力减退和脱发等。为了消除高频电磁场对人体的伤害，应采取以下安全防护措施。

1）降低振荡频率。高频电的频率越高，电磁场穿透空间和绝缘体的能力越强，对人体的影响越大。因此，在保证电弧稳定性的前提下，应尽量降低振荡频率。

2）屏蔽焊钳线和导线。加设接地屏蔽装置可将高频电磁场局限在一定范围内，显著减小对人体的影响。屏蔽方法是采用细铜质金属丝编织成网状，套在电缆胶管外面（若焊钳上装有开关线，则屏蔽线应放在开关线外面），铜丝的一端接在焊钳上，另一端接地。

3）减少高频电作用时间。使用高频振荡器引弧时，可加装延时继电器，在引弧后迅速切断高频振荡器回路，减少高频电磁场的作用时间。

4）控制作业环境温度和湿度。焊接作业现场的温度和湿度过高会加剧高频电磁辐射对人体的不良影响。温度越高，湿度越大，人体所表现出来的症状越明显。因此，应加强通风，控制作业现场的温度和湿度，减少高频电磁场对人体的危害。

29. 冲压机械安全防护

（1）模具的安全防护装置

1）模具防护罩（板）。模具防护罩（板）是一种安全防护装置，可以实现安全区操作,防止将手伸入模具内,可用于板形坯料且不需要从上、下模之间取件或清废的工序。模具防护罩(板)的形式有很多,主要包括固定式防护栅栏、折叠式防护罩、塔型弹簧防护罩等。

①固定式防护栅栏。它固定在凹模上,由钢丝网、圆钢管或开缝的金属板制成,从正面和两个侧面将模具的危险区域封闭起来。栅栏的缝必须竖直开设,在栅栏的两侧或前侧开有供进出料的间隙。

②折叠式防护罩。这种防护罩装在凸模上,在滑块处于上死点位置时,环形叠片与下模之间仅留出可供坯料进出的间隙;滑块下行时,防护罩轻轻压在坯料上面,并使塔型叠片依次折叠起来。

③塔型弹簧防护罩。塔型弹簧作为防护栅栏,固定在下模上,滑块下行时,弹簧被压缩;在上死点位置时,自由状态下相邻弹簧两圈的间隙小于 8 mm,使得操作人员的手指无法进入。

2)模具上进出料机构:

①溜槽滑动送料装置。使用倾斜的溜槽,依靠加工件自重,使工

件沿导向板滑入模具内。这种装置的缺点是定位不准确。

②推动式料仓送进装置。将溜槽装置设置成水平形式,利用人力、机械力或气动力等形式,把工件按顺序强行推入模具里。这种装置简单有效,应用广泛。

③抽出模具手工送料装置。将下模沿溜槽滑动抽出,把工件放入模具定位后,再将下模推进。模具的前后移动,可用人力、机械力或气动力,适用于小工件的加工。

(2)冲压设备的安全防护装置

1)机械式防护装置:

①推手式保护装置。它是一种与滑块联动的机械式保护装置。当滑块向下运动时,固定在曲轴上的挡板由里向外运动,挡住下模口的危险区;若此时手还在危险区内,则手被推出。

②拉手式安全装置。它是一种由滑轮、杠杆、绳索等部件组成,将操作人员的手动作与滑块运动联动的安全装置。冲床工作时,滑块下行,带动套在操作人员手臂上的软绳,将手拉出危险区。

2)控制式安全装置。主要有双手按钮式、光电式、感应式、磁控式、电容式等形式,但目前仍在广泛使用的主要是前两种。

①双手按钮式安全装置。这是一种只有操作人员的双手同时按下两个按钮时,滑块才运动的安全装置。当滑块到达下死点位置前,若中途放开任意一个按钮,滑块就会停止运动。这种装置结构简单、安全、可靠。

②光电式安全装置。其原理是利用投光器和受光器形成一束或多束光栅,将操作人员与危险区隔离开来。若操作人员身体的一部分进入危险区,则光线被遮断,发出电信号,此电信号经放大后与滑块控

制线路联锁,使滑块停止运行。

(3)手用安全工具

为了避免用手直接伸入上、下模口之间取件和清废,需要使用手用安全工具。采用手用安全工具,可以代替人手完成送料、卸料及取件的工作,从而防止操作人员的手伸入模具危险区。

设计和选用手用安全工具时,必须注意以下几点:手用安全工具的工作部位必须与坯料的形状相匹配,并能迅速、牢固地夹持(或吸附)坯料,确保坯料能够顺利、准确地放入下模中;手用安全工具应尽可能采用软性、弹性材料制作,以避免对模具或设备造成损坏;手持柄部应适合操作人员握持,并采取防止手柄滑脱或向前滑移的措施。

手用安全工具一般包括夹子、镊子、钳子、安全钩、磁力吸盘、真空吸盘等。

30. 冲压作业操作与维护安全规范

(1)作业行程规范

作业行程规范是指操作人员作业时,冲床应采取的行程方式。作业行程规范对于冲压作业的安全、质量和效率等都有很大影响。就其安全性而言,连续作业行程时,由于滑块速度较快,作业节奏较快,容易发生事故,不如单次作业行程规范安全。但是,如果无须手入模区或配有可靠的安全防护装置,能够保障操作人员的人身安全,则可考虑采用连续作业行程规范。制定作业行程规范的一般原则如下。

1)开式冲床进行单件送料时,采用单次作业行程规范。

2）闭式冲床尽量采用连续作业行程规范，但是在制件尺寸较大且操作复杂的工序中，为保证质量仍应采用单次作业行程规范。对于那些已采取可靠安全措施、作业并不复杂的工序，可以采用连续作业行程规范。

3）无论是连续作业行程规范还是单次作业行程规范，凡需手入模区操作的工序都应配备保障人身安全的防护装置，绝不能把单次作业行程规范作为唯一的安全措施。

（2）操作的安全要点

操作的安全要点是冲压操作人员生产经验的总结，主要内容应由操作人员根据作业的具体情况讨论决定。总结整理冲压操作的安全要点，对于改变冲压操作人员存在的不合理的劳动习惯和操作方法，将冲压操作规范化，具有十分重要的意义。

操作的安全要点要用简洁的文字在工艺文件中进行描述。从安全角度出发，各项操作本身是否存在危险，各项操作之间有无人员动作的协调配合，应该配备怎样的安全器具，都是安全操作的主要内容，都应在工艺文件中加以说明。

（3）作业环境的要求

企业应为操作人员创造和提供生理和心理上的良好作业环境，车间的温度、通风、照度和噪声等条件应符合职业卫生要求。

（4）压力机的维护保养

为了延长压力机的使用寿命，同时为了避免设备故障导致的工伤事故，操作人员必须正确维护保养压力机。

1）开始工作前：

①整理工作地点，将压力机上及压力机附近与工作无关的物件收

拾干净,并将工件及毛料摆放整齐。

②检查压力机摩擦部分及润滑部分有无磨损现象,油杯应加满润滑油。

③检查冲模安装是否准确可靠,刃口有无裂纹、凹痕或缺口现象。

④必须在离合器脱开后,才可以启动电动机。

⑤试验制动器、离合器、操纵器各部分的动作是否灵活、准确、可靠,并做几次空行程试冲,确认无误后再开始正常工作。

⑥准备好工作中所需的工具。

2)工作期间:

①定时用手转动各部位的油杯,确保注满润滑油。

②不应同时冲裁两块板料。

③随时将工作台上的冲压件、飞边废料清除,清除时应使用钩子或刷子等专用工具,严禁用手直接清除。

④做浅拉深时,注意保持材料清洁,并添加润滑油。

⑤发现压力机工作不正常时,如滑块下落、有不正常的冲击声、成品有毛刺等,应立即停止工作,关闭电源,排查故障,妥善处理后再继续工作。

3)工作完毕后:

①将离合器脱开。

②关闭电源。

③清除工作台上的杂物。

④擦净压力机及冲模上的油污,并在冲模与压力机表面涂抹保护防锈油。

第4章 机械制造职业病预防

31. 机械制造行业职业病危害因素

机械制造行业常见的职业病危害因素主要包括以下5个方面。

（1）生产性粉尘

机械制造中的主要粉尘作业是铸造。在型砂配制、制型、落砂、清砂等过程中，都可使粉尘飞扬，特别是用喷砂工艺修整铸件时，粉尘浓度很高，所用的石英危害较大。在机械制造过程中，对金属零部件的铸造、磨光与抛光可产生金属和矿物性粉尘，长期接触可能引起铸工尘肺。电焊时，焊药、焊条芯及被焊接的材料在高温下蒸发产生大量电焊粉尘和有害气体，长期吸入较高浓度的电焊粉尘可引起电焊工尘肺。

(2)高温、辐射热

机械制造中的高温和辐射热主要发生在铸造、锻造和热处理等过程中。铸造车间的熔炼炉、干燥炉、熔化的金属、热铸件,锻造及热处理车间的加热炉和炽热的金属部件等都会产生强烈的热辐射,形成高温环境,严重时可能引发中暑。

(3)有害气体

机械制造中可能产生多种有害气体,例如,熔炼炉和加热炉均可产生一氧化碳和二氧化碳,加料口处的浓度往往较高;使用酚醛树脂等黏合剂时,可能产生甲醛和氨;黄铜熔炼时产生氧化锌烟,可能引发金属烟热;热处理过程中,可能产生有机溶剂蒸气,如苯、甲苯、甲醇等的蒸气;电镀过程中,可能产生铬酸雾、镍酸雾、硫酸雾及氰化氢等;电焊过程中,可能产生一氧化碳和氮氧化物;喷漆过程中,可能产生苯、甲苯及二甲苯蒸气等。

(4)噪声、振动和紫外线

在机械制造过程中,使用砂型捣固机、风动工具、锻锤、砂轮磨光、铆钉等设备时,均可产生强烈的噪声或振动;电焊、气焊、亚弧焊及等离子焊接过程中产生的紫外线,如果防护不当,可能引起电光性眼炎。

(5)重体力劳动和飞溅物质等

在机械化程度较低的企业中,浇铸、落砂、手工锻造等作业都属于较繁重的体力劳动。即使使用气锤或水压机,由于需要频繁变换工件的位置和方向,体力劳动强度仍然很大。同时,作业环境通常处于高温状态,容易引起体温调节和心血管系统功能的改变。铸造和锻造作业中,外伤及烫伤发生率较高,主要由于铁水、钢水、铁屑、铁渣飞溅所致。此外,在金属切削过程中,使用的冷却液对操作人员的皮肤也有一定危害。

32. 金属烟热的危害和预防

金属烟热是一种急性职业病,是由于吸入金属加热过程中释放出的大量新生成的金属氧化物粒子所引起的全身性疾病。其典型表现为骤发性体温升高和外周血白细胞数增多等。该疾病多发生在通风不良的环境中,因吸入过量的金属氧化物烟尘所致,其中以氧化锌烟雾最为常见。此外,锡、银、铁、镉、铅、砷、锑、铍、镁、铊或锰等氧化物烟雾也可能引发本病。金属烟热的临床表现为流感样症状,包括发冷、发热以及呼吸系统症状。

各种重金属烟均可引发金属烟热。当金属被加热刚超过其沸点时,会释放出高能量的微小粒子(直径为 0.2~1 μm)。例如,氧化锌烟可深入呼吸道深部,大量接触肺泡后可能引起金属烟热,吸入大量细小的金属尘粒也可能导致发病。常见的能引起金属烟热的金属包括锌、铜、镁等，特别是锌。锌的熔点和沸点较低，在高温下首先逸出大量锌蒸气，在空气中氧化为氧化锌烟而致病。当生产环境空气中氧化锌浓度超过 15 mg/m^3 时，常可能发生金属烟热。

金属烟热的主要预防措施如下。

（1）在冶炼、铸造作业时，应尽量采用密闭化生产，加强通风以防止金属烟尘和有害气体逸出，并对逸出物进行回收利用。

（2）在通风不良的场所进行焊接、切割时，应加强局部通风或全面通风，操作人员应佩戴送风面罩或防尘面罩，并适当缩短工作时间。

33. 生产性粉尘危害的预防措施

（1）一级预防措施

一级预防措施主要包括：采取综合防尘措施；尽可能采用不含游离二氧化硅或游离二氧化硅含量低的材料代替游离二氧化硅含量高的材料；在工艺条件允许的条件下，尽可能采用湿式作业；使用劳动防护用品，做好个人防护；对作业环境的粉尘浓度实施定期检测，确保粉尘浓度控制在国家标准的允许范围内；加强除尘系统的维护和管理，确保除尘系统处于完好、有效的状态；根据国家有关规定，对劳动者进行就业前的健康检查，对有职业禁忌证的职工、未成年人及女职工，不得安排其从事禁忌范围内的工作；加强防尘基本知识的宣传教育与普及。

(2)二级预防措施

二级预防措施主要包括:建立专人负责的防尘机构,制定防尘规划和各项规章制度;对新从事粉尘作业的职工,必须进行健康检查;对在职从事粉尘作业的职工,必须定期进行健康检查,发现不宜从事接尘工作的职工,应及时调整工作岗位。

(3)三级预防措施

三级预防措施主要包括:对已确诊为尘肺病的职工,应及时调离原工作岗位,安排合理的治疗或疗养,其社会保险待遇按国家有关规定办理。

相关链接

职业禁忌是指劳动者从事特定职业或者接触特定职业病危害因素时,比一般职业人群更易于遭受职业危害损伤或罹患职业病,或者可能导致原有自身疾病病情加重,或者在从事作业过程中诱发可能对他人生命健康构成危险疾病的个人特殊生理或者病理状态。

法律提示

《中华人民共和国职业病防治法》第三条规定,职业病防治工作坚持预防为主、防治结合的方针,建立用人单位负责、行政机关监管、行业自律、职工参与和社会监督的机制,实行分类管理、综合治理。

34. 刺激性气体与窒息性气体危害及其防护措施

（1）刺激性气体危害

刺激性气体对人体的危害，在临床上可分为急性和慢性两类，工业生产中以急性中毒和慢性影响较为常见。

1）急性中毒，主要表现为眼及上呼吸道黏膜的刺激症状，如喉部痉挛和水肿，化学性气管炎、支气管炎及肺炎，中毒性肺水肿，皮肤损害等，严重时可能导致心、肾等器官损害。

2）慢性影响，长期接触低浓度的刺激性气体，可能引发慢性胃炎、鼻炎、支气管炎、牙齿酸蚀症，并可能伴有神经衰弱综合征。部分刺激性气体还有致敏作用，例如，氯气、二异氰酸甲苯酯蒸气可引起支气管哮喘，甲醛可导致过敏性皮炎等。

（2）窒息性气体危害

窒息性气体是工农业生产中常见的有害气体，可分为单纯性窒息性气体和化学性窒息性气体两类。

单纯性窒息性气体（如氮气、甲烷、二氧化碳、水蒸气等）本身无毒性，但若其在空气中浓度过高，会导致氧气的相对含量显著降低，进而使动脉血氧分压下降，导致机体缺氧。

化学性窒息性气体（如一氧化碳、氰化物、硫化氢等）能够干扰氧的运送和组织对氧的利用，造成全身组织缺氧。由于脑对缺氧最为敏感，因此窒息性气体中毒主要表现为中枢神经系统缺氧的一系列症状，如头晕、头痛、烦躁、定向力障碍、呕吐、嗜睡、昏迷、抽搐等。

第 4 章 机械制造职业病预防

（3）刺激性气体与窒息性气体危害防护措施

针对刺激性气体与窒息性气体对作业人员的危害，可采取下列措施进行防护。

1）定期检测作业环境中刺激性气体或窒息性气体的浓度，确保及时发现问题并维修管道以防止漏气。

2）对可能产生窒息性气体的生产过程应确保设备密封良好，并配置有效的通风设施。

3）在潜在危险区域安装自动报警装置。

4）凡进入可能存在刺激性气体与窒息性气体的危险区域工作时，作业人员必须佩戴防毒面具，并在操作后立即离开该区域，到安全区域进行适当休息。

5）作业时建议多人同时工作，便于在发生意外时迅速进行自救、互救。

6）加强作业人员的安全教育，普及预防刺激性气体或窒息性气体中毒防护知识及相关急救技能，一旦发现有人中毒，应立即将其转移到新鲜空气处，并注意给中毒人员保暖，同时尽快将其送到医疗机构进行救治。

 相关链接

刺激性气体与窒息性气体危害人体原理与治疗急救要点如下。

（1）刺激性气体主要对呼吸道黏膜和肺组织产生刺激和灼烧作用，并引起一系列生理变化。其中，化学性肺水肿是对呼吸功能的一种严重损伤。当发生刺激性气体中毒时，现场抢救的要点是迅速采取措施预防和治疗肺水肿，同时防止继发性感染的发生。

（2）窒息性气体中毒的临床表现主要以中枢神经系统缺氧症状为主。其治疗关键在于迅速纠正缺氧状态，给予高压氧治疗。此外，根据中毒气体的具体类型和致病性，宜选择相应的治疗药物进行辅助治疗，如细胞色素C、亚硝酸钠-硫代硫酸钠、美蓝等。

需要注意的是，凡有明显神经系统疾病、心血管系统疾病、严重贫血者，以及妊娠妇女、未成年人和老年人等群体，均不宜在有窒息性气体存在的作业环境中工作。

35. 生产性噪声危害及其防护

（1）生产性噪声种类

根据物理学的定义，噪声是指各种不同频率、不同强度的声音杂乱地、无规律地组合，形成波形无规则变化的声音，如机器的轰鸣声等。而从生理学的角度来看，凡是使人感到厌倦的且不需要的声音均可视为噪声。例如，对于正在休息、学习或思考的人来说，即使是音乐，也可能是使人感到厌烦的噪声。生产性噪声按其来源一般可分为以下3种。

1）机械性噪声。这类噪声主要是由于机器转动、摩擦、撞击等机械运动而产生的噪声，如车床、纺织机、凿岩机、轧钢机、球磨机等发出的声音。

2）空气动力性噪声。这类噪声主要是由于气体体积突然发生变化引起压力突变，或气体中存在涡流导致气体分子扰动而产生的噪声，如鼓风机、通风机、空气压缩机、燃气轮机等发出的声音。

3）电磁性噪声。这类噪声主要是由于电机中交变力相互作用而产生的噪声，如发电机、变压器、电动机等发出的声音。

从卫生学角度来看，50~300 Hz 的低频噪声对人体的危害相对较小；300~2 000 Hz 的中频噪声危害程度中等；而 2 000~8 000 Hz 的高频噪声对人体的危害最大。

（2）生产性噪声危害

噪声对人体的影响是全面且深远的。它不仅妨碍人们正常的工作和休息，还会使在噪声环境中工作的人感觉疲乏、烦躁，导致注意力不集中、反应迟钝、动作准确性降低，从而直接影响作业能力和效率。例如，电话交换台的噪声从 40 dB 提高到 50 dB 时，操作错误率会增加近 50%。此外，由于噪声可能掩盖了作业场所的危险信号或警报，从而增加工伤事故的发生风险。长期接触强烈的生产性噪声会对人体产生如下有害影响。

1）听力系统损伤。长期接触噪声可导致听力系统受损。在噪声作用初期，听阈可能暂时性升高，听力下降，这是人体的保护性反应；在强噪声作用下，可能导致永久性听力下降，内耳感音细胞受损，引起噪声性耳聋；极强噪声甚至可能导致听力器官发生急性外伤，即爆震性耳聋。

2）神经系统影响。长期接触噪声可能导致大脑皮层兴奋和抑制功能的平衡失调，表现出头痛、头晕、心悸、耳鸣、疲劳、睡眠障碍、记忆力减退、情绪不稳定、易怒等症状。

3）其他系统影响。长期接触噪声还可能引起其他系统的应激反应。例如，加重心血管系统疾病，引起胃肠道功能紊乱等。

(3)生产性噪声危害防护

生产性噪声的控制措施可分为两类：一类是消除或降低噪声声源，使其达到卫生标准；另一类是消除或减少噪声传播，从传播途径上控制噪声，主要是通过阻断和屏蔽声波的传播来实现。具体措施包括：合理规划企业总体设计布局，强噪声车间应与一般车间、职工生活区分开，车间内强噪声设备应与一般生产设备分开布置；利用屏蔽措施阻止噪声传播，例如，用隔声罩、隔声板、隔声墙等隔离噪声源，在强噪声作业场所设置隔声屏；利用吸声材料减少噪声反射，在车间墙壁上装饰吸声材料，或在车间里悬挂，以吸收声能。

 相关链接

预防噪声的卫生保健措施有以下4个方面。

(1)加强个人防护

使用劳动防护用品是防止噪声性耳聋简单有效的重要措施，常见的劳动防护用品包括防噪声耳罩、耳塞、帽盔等。

(2)加强听力保护与健康监护

定期对劳动者进行健康检查，重点检查听力状况。对高频听力下降超过15 dB者，应及时采取保护措施。就业前进行健康检查，以发现职业禁忌证，这是预防噪声危害的重要措施之一。

(3)合理安排劳动与休息

实行工间休息制度，确保劳动者在休息时离开噪声环境。

(4)监测车间噪声

定期监测车间噪声水平，评估噪声控制措施的效果，并监督噪声卫生标准执行情况。

36. 生产性振动危害及其防护

（1）生产性振动危害

人体手部接触的振动通常属于局部振动。局部振动可引起中枢神经及周围神经系统的功能改变，表现为条件反射受抑制、条件反射潜伏期延长。长期接触生产性振动可能导致人体对振动的敏感性减弱或消失，痛觉与触觉也可能发生改变。振动对自主神经系统的作用表现为组织营养障碍、手指毛细血管痉挛、指甲易碎等。

振幅大且具有冲击力的生产性振动，可能引起骨和关节改变，主要表现为脱钙、部分骨硬化、内生骨疣、局限性骨质增生或变形性关节炎等。

振动病是长期接触生产性振动所引起的职业性疾病，包括局部振动病和全身振动病。局部振动病是由于局部肢体（主要为手）长期接触强烈振动而引起的职业病，其主要表现为肢端血管痉挛、上肢周围神经末梢感觉障碍以及骨关节骨质改变。全身振动除对前庭功能产生影响，导致协调性降低外，还可能引起自主神经功能紊乱及内脏移位，甚至可能导致孕妇流产。

（2）生产性振动危害防护

预防生产性振动的危害应从工艺改革入手，具体措施包括以下内容。

1）工艺改进。在可能的条件下，以液压、焊接、粘接等新工艺代替铆接；改进风动工具，采用减振装置，设计自动或半自动式操纵装置，减少手及肢体直接接触振动体；在工具把手上设置缓冲装置；改进压缩空气的出口方位，防止操作人员受冷风吹袭。

2）个人防护。为接触振动操作人员发放双层衬垫无指手套或衬垫泡沫塑料的无指手套，以减振保暖。

3）建立合理的劳动制度。根据接触振动的强度和频率，建立工间休息及定期轮换制度，并严格限定日接触振动的时间。

4）健康监护。就业前和工作后定期进行体检，以及时发现和处理受振动伤害的操作人员。

 相关链接

生产性振动的分类情况如下。

（1）按振动作用于人体的部位，分为局部振动和全身振动。

（2）按振动方向，分为垂直振动和水平振动。

（3）按振动的波形，分为正弦振动、复合周期振动、复合振动、随机振动、冲击振动和瞬变振动。

（4）按接触振动的方式，分为连续振动和间断接触振动。

（5）按振动频率，1 Hz以下的振动主要为全身振动，可能引起运动病；1~100 Hz的振动既可以引起全身振动，也可引起局部振动；500~1 000 Hz的振动则以局部振动作用为主，可能引起局部振动病。

37. 高温作业危害及其防护

（1）高温作业危害

1）体温调节紊乱。高温作业会使体表散热功能受阻，导致体温调节紊乱。

2）对水和电解质平衡与代谢的影响。大量出汗会导致体内水分和电解质严重流失，影响水和电解质的平衡与代谢。

3）对循环系统的不利影响。高温作业会使皮肤血管扩张，大量血液流向体表，导致体内温度更易向外发散。

4）对消化系统的不利影响。高温作业会抑制胃肠道活动，减弱消化液分泌，降低胃液酸度。

5）对神经系统的严重影响。高温作业会降低作业人员的注意力、肌肉工作能力、动作准确性和协调性以及反应速度，极易导致事故发生。

6）对泌尿系统的影响。高温作业会使尿液浓缩，增加肾脏负担，对泌尿系统产生严重影响。

高温作业最常见的危害是导致作业人员中暑，按发病机理，中暑可分为热射病、日射病、热衰竭和热痉挛4种类型。

（2）高温危害防护

从改进生产工艺入手，采用先进技术，推动机械化和自动化生产，从根本上改善劳动条件，减少或避免作业人员在高温或强热辐射环境下劳动，并减轻劳动强度。例如，冶金生产车间的自动投料、自动出渣和运渣工艺，以及制砖场的自动生产线等。

在进行工艺设计时，应合理布置热源，尽量将其设置在车间外部或远离作业人员操作的地点。对于采用热压为主的自然通风，热源应布置在天窗下方；对于采用穿堂风通风的厂房，热源应布置在主导风的下风侧，使进入厂房的空气先经过作业人员的操作区域，再经过热源位置排出。

预防中暑的方法：在劳动前和劳动期间应注意多休息、多饮水；气温特别高时，可更改作息时间，早出工、晚收工；在工作现场要增加通风降温设备。

隔热是减少热辐射的一种简便有效的方法。对于现有设备中无法移动的热源，以及因工艺要求不能远离操作带的热源，应采用隔热措施。例如，利用流动水吸收热量是减少炉口辐射热的理想方法，可采用循环水炉门、瀑布水幕、水箱、钢板流水等方式；使用导热系数小、隔热性能好的材料（如炉渣、草灰、硅藻土、石棉、玻璃纤维等）制成隔热板或直接包裹在炉壁和管道外侧，以达到隔热的目的。对于缺乏水源的工厂以及小型企业和乡镇企业，更适合采用后一种隔热方式。

通风是改善作业环境最常用的方法，主要包括自然通风和机械通风两种方式。自然通风是利用车间内外的热压和风压实现空气交换，但在高温车间仅靠这种方式是不够的。在散热量大、热源分散的高温车间，每小时内需换气 30~50 次，才能及时排出余热。因此，必须合理设计进风口和排风口的位置，以最大限度地发挥通风效果。

38. 辐射危害及其防护

（1）接触射频辐射的作业类型

射频辐射，也称为无线电波，是指波长范围为 1 mm~3 km 的电磁波，包括高频电磁场和微波。高频电磁场按波长可分为长波、中波、短波和超短波；微波波长均小于 1 m，分为分米波、厘米波和毫米波，其强度通常以功率密度来表示。

接触射频辐射的作业主要包括以下几类：高频感应加热，使用频率多为 30~100 kHz，应用于高频热处理、焊接、冶炼以及半导体材料加工等。高频介质加热，使用频率一般为 10~30 MHz，应用于塑料制品热合，以及木材、棉纱、纸张、食品烘干等。微波应用，频率在 3~300 GHz，主要用于雷达导航、探测、通信、电视及核物理研究等领域。近年来，微波加热技术发展迅速，广泛应用于食品加工、医学理疗、家庭烹调，以及木材纸张、药材、皮革干燥等。

（2）射频辐射危害

强度较大的射频辐射对人体的主要危害是引起中枢神经和自主神经系统的功能障碍，主要表现为神经衰弱综合征，常见症状包括头晕、乏力、睡眠障碍、记忆力减退等。

长时间暴露于较强射频辐射环境中可能导致自主神经功能紊乱，表现为心搏过缓、血压下降；但在大强度影响的后期，有的可能出现心搏过速、血压波动甚至高血压。此外，常有月经周期紊乱、性欲减退的临床主诉，但尚未发现影响生育功能。微波接触者除表现为长期神经衰弱症状外，还可能伴有脑电图慢波显著增加、周围血常规检查白细胞总数暂时下降等现象。

长期接触大强度微波的人员,可能出现晶状体点状或小片状混浊,甚至发展为白内障。一般认为,微波能加速晶状体老化过程。

(3)紫外线危害及其防护

紫外线照射皮肤时,可引起血管扩张,出现红斑;过量照射可产生弥漫性红斑,并可能形成小水疱和水肿;长期照射可使皮肤干燥,失去弹性和老化。此外,紫外线与煤焦油、沥青、石蜡等物质同时作用于皮肤时,可能引起光感性皮炎。紫外线照射眼睛时,可引起急性角膜炎,通常由电弧光(如电焊)引起,称为电光性眼炎。

预防紫外线危害的防护措施主要有:采用自动或半自动焊接作业,增大人体与辐射源的距离;电焊工及其助手必须佩戴专用的防护面罩或眼镜以及适宜的防护手套,确保没有裸露的皮肤;电焊工操作时,应使用移动屏幕围住作业区,避免其他人员受到紫外线照射;针对电焊时产生的有害气体和烟尘,应采用局部排风措施及时排除。

第5章 机械制造工伤应急救护

39. 现场急救基本原则

现场急救是指在劳动生产过程中或工作场所发生意外伤害事故、急性中毒、外伤和突发危重病时,在医务人员未到达前,为防止伤病情恶化,减少伤病员痛苦和预防休克等所采取的初步紧急救护措施,又称为院前急救。

现场急救的总任务是采取及时有效的急救措施和技术,最大限度地减少伤病员的痛苦,降低致残率和死亡率,为医院抢救打好基础。现场急救应遵循的基本原则如下。

(1)先复苏后固定原则

遇有心搏、呼吸骤停且伴有骨折的伤病员,应首先采用口对口人工呼吸和胸外心脏按压等技术进行心、肺、脑复苏,待心搏、呼吸恢复后,再进行骨折固定。

(2)先止血后包扎原则

遇有大出血且伴有创口的伤病员时,应立即采用指压、止血带或药物等方法止血,随后进行消毒和创口包扎。

(3)先重后轻原则

遇有危重的和较轻的伤病员时,应优先抢救危重者,再抢救较轻的伤病员。

(4)先急救后转运原则

发现伤病员时,应先进行急救再转运。在转运往医院途中,不应停止抢救,需继续观察伤病情变化,减少颠簸,注意保暖,确保平安抵达最近医院。

(5)急救与呼救并重原则

遇有成批伤病员且现场还有其他急救人员时，应紧张有序地分工合作，急救和呼救同时进行，以尽快争取外部救援。

(6)搬运与急救同步原则

在运送危重伤病员时，搬运过程应与急救工作同步，争取时间，途中继续进行急救，减少伤病员的痛苦和降低死亡风险，确保安全到达医院。

40. 急救现场伤病员分类

(1)现场急救和运送矛盾

在工伤事故发生后，有时在伤病员数量大、伤病情复杂、危重伤病员多的情况下，急救和运送常面临如下四大矛盾：

1)急救技术力量不足与伤病员需要及时抢救的矛盾；

2)急救物资短缺与需求量大的矛盾；

3)重伤病员与轻伤病员都需要急救的矛盾；

4)重伤病员与轻伤病员都需要运送的矛盾。

解决这些矛盾的关键是对伤病员进行分类。伤病员分类是现场急救工作的重要组成部分，通过科学分类，可以充分发挥人力、物力的作用，确保重伤病员和轻伤病员各得所需，使急救和运送工作有条不紊地进行。

(2)现场伤病员分类要求与判断

现场伤病员分类的核心目标是提高效率，将现场有限的人力、物力和时间优先用于抢救有存活希望的伤病员，从而提高存活率，降低死亡率。

1）现场伤病员分类的要求如下：

①分类工作是在特别困难和紧急的情况下进行的，应一边抢救一边分类；

②分类应由经过训练、经验丰富且具备组织能力的技术人员承担；

③按照"先危后重、先轻后小（伤势小）"的原则进行；

④分类过程应快速、准确、无误。

重伤病员、轻伤病员要分类运送。

2）现场伤病员分类以决定优先急救对象为前提，主要依据伤病情进行判定，主要判定方法如下：

①呼吸是否停止。通过"看、听、感"来判定。

看：观察伤病员胸廓是否有起伏，或将棉花、羽毛贴在伤病员鼻翼上，观察是否摆动。若吸气时胸廓上提、呼气时胸廓下降，或棉花、羽毛有摆动，说明呼吸未停止；反之，呼吸已停止。

听：侧头将耳尽量接近伤病员鼻部，听是否有气体交换的声音。

感：在听的同时，用脸部感觉伤病员有无气流呼出。如果有气体交换声或感觉到气流，说明呼吸尚存。

②脉搏是否停止。通过"触、看、摸、量"来检查。

触：触伤病员桡动脉，感受脉搏的强弱。

看：观察伤病员的头部、胸腹、脊柱、四肢，判断伤病员是否存在内脏损伤、大出血、骨折等，这些是重点判定项目。

摸：触摸伤病员颈动脉，检查有无搏动及其强弱。

量：测量伤病员收缩压是否低于 12 kPa（90 mmHg）。

判定一名伤病员应在 1~2 min 内完成。通过以上方法对伤病员进行简单分类，便于采取有针对性的急救措施。

41. 机械伤害急救措施

机械制造行业最常见的事故是人员机械伤害。发生机械伤害后，务必保持沉着冷静，避免慌乱。

（1）事故后的应急处置与救治

伤害事故发生后，应立即停止现场活动，将伤员移至平坦的地方。现场有救护经验的人员应立即检查伤员的伤势，并根据伤情进行针对性的紧急救护。

现场应急处置后，应根据伤员的伤情和现场条件迅速安排运送。运送伤员时需格外注意，如果搬运不当，可能加重伤情，甚至造成神经、血管损伤或瘫痪，导致难以治愈的终身痛苦。如果伤员伤势较轻，可采用背、抱、扶的方式运送。如果伤员伤势较重，有大腿或脊柱骨折、大出血或休克等情况，必须使用担架或木板抬送。将伤员小心放置在担架上，动作要平稳；上下坡或楼梯时，保持担架平衡，避免一头高、一头低；伤员头部应朝向后方，便于观察其情况；若无担架，可用椅子、长凳、衣服、竹子、绳子、被单、门板等制成简易担架。对于脊柱骨折伤员，必须使用硬木板担架抬送：将伤员平放在担架上，腰部垫一件衣服以保持生理曲线；将伤员固定在木板上，防止在运送过程中滚动或跌落，避免脊柱移位或扭转，刺激血管和神经，导致下肢瘫痪。

（2）现场创伤止血的应急救护

当伤员一次出血量达到全身血量的1/3以上时，生命将面临危险。因此，及时止血至关重要。可立即用毛巾、纱布、工作服等物品采取止血措施。如果创伤部位有异物且不在重要器官附近，可以小心拔出异物并处理伤口；如无把握，切勿随意拔出，应由医务人员检查、处理，以免伤及内脏及较大血管，造成大出血。

（3）现场骨折的应急救护

骨折处理的基本原则是尽量限制骨折肢体的活动。因此，应利用一切可利用的条件，及时、正确地对骨折部位进行临时固定，其目的是避免骨折断端在搬运时损伤周围的血管、神经、肌肉或内脏；减轻疼痛，防止休克；便于将伤员安全运送到医院进行彻底治疗。临时固定材料有夹板和敷料，夹板以木板为佳，紧急情况下也可用木棍、竹篾等代替；敷料如棉花、纱布或毛巾等，用作夹板的衬垫。固定夹板可用绷带、三角巾或绳子等。

若上肢骨折，应将上肢挪到胸前，固定在躯干上；若下肢骨折，应将两下肢固定在一起，固定范围应超过骨折部位的上下关节，或将断肢捆绑和固定在担架、门板上；脊柱骨折时，不需要对骨折部位做任何固定，但搬运方法至关重要。搬运时，最好使用担架、门板等硬质工具，也可用木棍、衣服、毯子等制作简易担架，让伤员仰卧。若无担架或木板，需多人用手搬运时，必须有一人双手托住伤员腰部，切不可单独一人用拉、拽的方法搬运。如果操作不当可能导致继发性脊髓损伤，造成伤员瘫痪；对已有脊髓损伤的伤员，会加重损伤，尤其是高位脊柱骨折，甚至可能致其死亡。无论哪种情况，都应减少途中的颠簸，避免随意翻动伤员。

42. 起重伤害急救措施

在进行较大、较复杂工件的加工以及热加工物料的运送时，常需使用起重机械。如果操作人员安全意识不高，未按安全操作规程作业，极易引发事故。

起重伤害发生后，需要立即采取以下急救措施。

1）发现有人受伤后，必须立即停止起重作业，向周围人员呼救，并通知附近急救机构，及时拨打"120"等急救电话。报警时，需说明伤员的受伤部位、伤情及事故发生地点，以便救护人员提前做好急救准备。

2）在组织急救的同时，应立即上报生产安全事故应急领导小组，启动应急预案和现场处置方案，最大限度地减少人员伤亡和财产损失。

3）现场医务人员应立即采取包扎、止血等措施，防止伤员流血过多造成死亡事故。对创伤出血者，应迅速止血、包扎，并尽快送往医院救治。

4）发生断手、断指等严重情况时，应对伤员伤口进行止血、包扎和止痛处理，并将手或手指固定为半握拳状。用消毒或清洁敷料包扎断手、断指，切勿将断指浸入酒精等消毒液中，以防组织细胞变质。将包好的断手、断指放在无泄漏的塑料袋内，扎紧袋口，并在袋周围放好冰块（或用冰棍代替），迅速将伤员送往医院抢救。

5）伤员出现肢体骨折时，应尽量保持伤员的受伤体位，由现场医务人员对伤肢进行固定，并在其指导下采用正确的方式进行搬运，防止因救助方法不当加重伤情。

6）伤员出现呼吸、心搏骤停症状时，必须立即进行胸外心脏按压或人工呼吸急救。

7）在做好伤员紧急救护的同时，应注意保护事故现场，收集和整理相关信息和证据，配合上级和当地政府部门做好事故调查工作。

43. 热烧伤急救措施

火焰、开水、蒸汽、热液体或固体直接接触人体引起的烧伤均属于热烧伤。在机械制造过程中，铸造、锻造、热处理、焊接等热加工工艺都可能引发热烧伤事故；金属切削过程中产生的高温切屑也可能导致操作人员被灼伤、烫伤。热烧伤的急救措施如下。

1）对于轻度烧伤尤其是不严重的肢体烧伤，应立即用清水冲洗或将伤肢浸泡在冷水中 10~20 min；如不便浸泡，可用湿毛巾或布单覆盖伤部，然后浇冷水，以尽快使伤口冷却降温，减轻损伤；若烧伤部位有衣物覆盖且烧伤严重，切勿立即脱衣，以免撕脱水疱、皮肤，造成创面暴露，增加感染风险。应先用冷水浇湿衣物，待局部温度快速下降后，再轻轻脱去或用剪刀剪开衣物。

2）若烧伤处已形成水疱，不要随意弄破水疱；对于大水疱，应到医院处理或用消毒后的针刺破以排出液体，避免影响创面修复，增加感染机会。

3）烧伤创面一般无须特殊处理，切勿涂抹任何刺激性液体、不清洁的粉或油剂，只需保持创面及周围清洁并尽快就医。较大面积烧伤用清水冲洗清洁后，应用干净纱布或布单覆盖创面，并尽快送往医院治疗。

4）火灾引起烧伤时，应立即脱去伤员着火的衣物；若衣物难以脱下，可让伤员卧倒在地滚压灭火，或用水浇灭火焰；切勿带火奔跑或用手拍打，以免火势扩大造成手部烧伤；避免在火场大声呼喊，以防呼吸道烧伤；应用湿毛巾捂住口鼻，以防吸入烟雾导致窒息或中毒。

44. 触电急救措施

触电事故在机械制造中最常见于焊接作业,其他机械制造作业也存在操作人员触电的风险。当触电事故发生后,急救的首要任务是立即使触电者脱离电源或其他带电体。

(1)低压触电急救措施

1)应迅速关闭电源开关或拔掉插头。

2)如果电源开关或插头离触电地点较远,应立即用绝缘性良好的电工钳或带有干燥木柄的斧头、铁锹等工具切断电源线,并妥善处理带电导线,防止他人触电。

3)如果导线搭落在触电者身上或压在身下,可用干燥的木棒、竹竿等工具将导线拨离,或用干燥的绝缘绳索拉开触电者,使其脱离电源。

4)如果触电者因痉挛紧握导线或导线缠绕在身上,立即用干燥的橡胶把手钳切断电线,或用干燥的木板等绝缘物品垫在触电者身下使其与地绝缘,再采用其他方法切断电源。

(2)高压触电急救措施

1)立即通知有关部门切断电源。

2)救护人员应戴上绝缘手套,穿上绝缘靴,并采用相应电压等级的绝缘工具关闭开关或切断电源。

3)可抛掷或搭挂金属线使线路短路接地,迫使安全保护装置启动并断开电源。但需要注意,金属线的一端应先可靠接地,再抛掷另一端,且不可触及触电者或其他人。

上述使触电者脱离电源的方法,应根据具体情况,以迅速、安全、可靠为原则采取相应措施，同时要注意以下事项：一是触电者脱离电源后应防止其摔伤，特别是在登高作业时，应采取防摔措施；二是夜间发生触电事故时，应迅速采取照明措施，以便抢救工作顺利进行；三是救护人员在任何情况下都不可直接用手或其他金属、潮湿物作为救护工具，必须使用适当的绝缘工具；四是救护人员最好用单手操作，以避免自身触电。

 相关链接

电击伤的急救处理：

（1）对神志清醒但伴有乏力、心慌、全身疲乏等症状的伤员，应让伤员躺下休息，并密切观察其状况。

（2）触电后，伤员常呈现"假死"状态（昏迷、心搏骤停、瞳孔散大、呼吸停止），切勿误认为已经死亡而不予抢救。要区别不同情况立即采取救治措施。

1）对于呼吸停止但有心搏的伤员，应采用人工呼吸法，有条件时可以给予氧气吸入，保持呼吸频率为12次/min左右。

2）对于心搏停止但有呼吸的伤员，主要进行胸外心脏按压，辅以人工呼吸。胸外心脏按压必须不间断地进行，每分钟操作60次左右，即使在运送医院途中也不可中断，直至伤员恢复生命体征或确认无效（如身体僵硬、出现尸斑等）。

3）如果伤员呼吸、心搏均停止，则同时进行人工呼吸与胸外心脏按压。

（3）局部灼伤处理。电击引起的灼伤与一般灼伤的处理原则相同，其基本要求是，立即使伤员脱离灼伤现场，解除呼吸道梗阻，保护创面不受污染或损伤,预防休克并根据具体情况送医疗机构。

45. 中毒、窒息急救措施

铸造、锻造、热处理、焊接等机械制造工艺会产生大量有毒有害气体(如一氧化碳、硫化氢)和窒息性气体(如二氧化碳),如果操作人员未按规定做好个人安全防护,很可能引发中毒、窒息事故。当事故发生后,应立即采取以下急救措施。

(1)迅速把中毒者转移到有新鲜空气的地方,静卧保暖。需要注意的是,救护人员进入危险区时必须佩戴防毒面具、自救器等个人防护用品,必要时也给中毒者佩戴。

(2)如果是一氧化碳中毒,中毒者仍有呼吸或呼吸虽已停止但心脏仍在搏动,应先清除中毒者口腔和鼻腔内的杂物,保持呼吸道畅通,然后立即进行人工呼吸。若心脏搏动停止,应迅速进行胸外心脏按压,同时配合人工呼吸。

(3) 如果是硫化氢中毒，在进行人工呼吸之前，应用浸透食盐溶液的棉花或手帕覆盖中毒者的口鼻。

(4) 如果因瓦斯或二氧化碳窒息，情况较轻时，只需把窒息者转移到空气新鲜的场地稍作休息即可苏醒；若窒息时间过长，应立即进行人工呼吸抢救。

(5) 在救护中，救护人员需保持沉着，动作迅速。在进行急救的同时，应通知医务人员到现场进一步救治。

Tips 相关链接

当一氧化碳、二氧化碳、二氧化硫、硫化氢等气体超过允许浓度时，吸入后可能导致中毒、窒息事故发生。发生中毒、窒息事故后，救护人员切勿贸然进入现场施救，首先要做好自身防护措施，避免成为新的受害者。

46. 眼外伤的急救措施

机械制造过程中，金属切削产生的切屑、飞出的工件和工具，以及热加工产生的火花、焊接飞溅的电火花等，均可能造成操作人员眼外伤。处理眼外伤的急救措施如下。

1）轻度眼外伤。若眼内进入异物，可让他人翻开眼皮，用干净的手绢、纱布将异物轻轻拨出。若眼中溅入化学物质，应立即用清水冲洗。

2）重度眼外伤。可让伤员仰卧，救护人员设法支撑其头部，并尽量保持其头部静止，切勿试图拨出眼内异物。

3）若眼球鼓出或眼内有脱落物，切勿将其推回眼眶内，以免造成不可逆的损伤。

4）用消毒纱布轻轻覆盖伤眼，如果没有纱布，可用刚洗净的毛巾覆盖，再用布条轻轻包扎，以不压迫伤眼为原则。

做完上述处理后，立即将伤员送往医院做进一步治疗。